JN110112

図解
電子工学入門

佐藤 一郎 ［著］
Sato Ichiro

Ohmsha

まえがき

　本書は，これからはじめて電子工学を学ぼうとする読者や，電子工学科以外の学部の読者を対象として，電気および電子工学の基礎について述べてある．本書は，電子工学に関連する分野についての説明を図を多く使用して読者が理解しやすいように解説してある．

　したがって，電子工学では公式等の説明を行う際に多く使用されている微分・積分等の数式を用いた解説を極力避け，簡単な数式のみを用いて電気回路や電子回路での現象を，どのように解釈をして行けば良いかについて説明を行っている．

　本書は，電子回路のみではなく電気回路に関連する事項も取り上げている．したがって，電気回路および電子回路に関連する知識が十分に得られるように考慮してある．また，できるだけ図や写真を多く取り入れることにより，読者が電気および電子に関連する現象を理解しやすいように配慮してある．

　本書の構成は，「物質の構造と電子」，「電気の基礎」，「交流回路」，「半導体素子」，「トランジスタ」，「アナログ電子回路」，「発振回路と変調および復調」，「パルス回路」の8章から構成されている．いずれの章も図や表を多く使用することにより，電気および電子に関する現象をより理解しやすい構成とした．

　各章の内容については，初心者のために主として電子工学に関連する基礎的な事項について述べてある．したがって，本書により電子工学の基礎について十分に理解することができれば，これらの基礎知識を活用することにより，さらに高度な電子工学に関する理論とその応用について十分に対応することも可能であろうと思われる．

　本書の執筆にあたっては多くの著書および技術資料を参考にさせて頂いた．本書の刊行に際しては，編集，校正にご尽力頂いた（株）日本理工出版会の方々に感謝する次第である．

2002 年 9 月 20 日

著者しるす

目　　次

第4章　半導体素子

第5章　トランジスタ

第6章　アナログ電子回路

第 1 章
物質の構造と電子

　すべての物質は原子という小さな粒からできている.物質は原子が単位となっているものや,原子が化学的に結びついた分子が単位となっているもの,また,イオンが単位となっているものなどがある.

　原子や原子の集まりがプラス(+)の電気をもつと陽イオンとなり,マイナス(−)の電気をもつと陰イオンとなる.固体では分子などが互いに引き合ってある決まった位置に並んでいる.また,液体では分子はきちんと並んではいないが互いに引き合っていて一緒に集まっている.しかし,互いの位置は変えやすい.一方,気体では分子が離ればなれとなっている.第1章では物質の構成と電子について述べる.

1.1　原子と電子

　物質には結晶を作るものや結晶を作らない物質がある.また,弾性や塑性などのいろいろな性質を有している.物質が分子などの集まりであると考えこれらの性質を見直してみると,固体には水晶や食塩などのように結晶しているものがある.結晶の外形は規則正しい面をもっている.これはその結晶の分子や原子が正しく並んでいるためである.

　金属などのように,見たところ結晶らしくないものも顕微鏡等で調べてみると小さな結晶の集まりであることがわかる.このような物質を多結晶と呼んでいる.これに対して1つの結晶からできているものを単結晶と呼んでいる.

　金属の結晶では金属原子が電子を放出してイオンとなり,出された電子はイオン間を自由に動いて全体を結び付けている.この自由に動いている電子を自由電子

(free electron) と呼んでいる.

　このようにわれわれのまわりに存在するすべての物質は, 約 100 種類の原子からできている. この原子は**図 1-1** に示すように原子核と電子とから構成されていて原子核のまわりを**電子** (electron) が回っている. そして原子核のまわりを回る電子の数により原子を分類している.

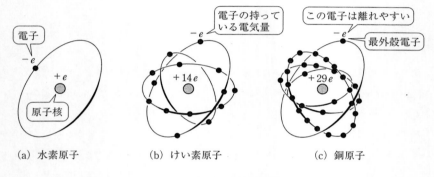

（a）水素原子　　　　　　　（b）けい素原子　　　　　　　（c）銅原子

図 1-1　原子核と電子

　図 1-1 で示した原子は水素, けい素 (シリコン) および銅の原子を示したものである. 水素の原子は 1 個, けい素の原子は 14 個, 銅の原子は 29 個の電子をもち, 電子はそれぞれ定められた軌道を回っている. また, 電子は負の電気を帯びており, 原子核は反対に正の電気を持っている.

1.2　電　荷

　電気には正電気と負電気とがある. これらの電気を量的に取り扱うときには, 物質が電気を帯びていると考え, これを電荷と呼んでいる. この電荷の量, つまり電気量の単位には**クーロン** (coulomb) 〔単位記号：C〕が用いられている.

　物体が帯びている電気量は, 電子 1 個の電気量を最小電気量 e で表している. この最小電気量 e の値は 1.602×10^{-19} C とし, この整数倍で電気量を表している.

　正常状態の原子では原子核のもつ電気量の絶対値は, 原子核のまわりを回っている電子の電気量の総和の絶対値に等しい. したがって, 原子全体としては電子の負の電気量と原子核の正の電気量との作用が, 互いに打ち消しあって電気的には中性

となっている.

　電子は原子核のまわりの軌道を高速度で回っている. そして原子核から最も遠い外側の軌道を回っている電子を最外殻電子と呼んでいて, 最外殻電子は原子核との相互の引力が最も弱い. したがって, 他の原子の影響を受けて電子が最外殻電子の軌道を離れて, 他の原子との間を自由に動き回ることがある. このような電子を自由電子と呼び, 電線中を流れる電流はこの自由電子の移動である.

1.3 電子と電流

　金属の原子は結晶格子と呼ばれて規則正しい配列をしている. しかし, 最外殻電子は自由電子となって原子間をそれぞれの方向に動き回っている. いま, この金属で作られた電線と電球とを図1-2に示すように電池に接続すると, 電線や電球のフィラメントの自由電子は負の電荷を帯びている. したがって, これまでは任意の方向に自由に動き回っていた状態から, いっせいに電池の正極の方向に引き寄せられて動き出す.

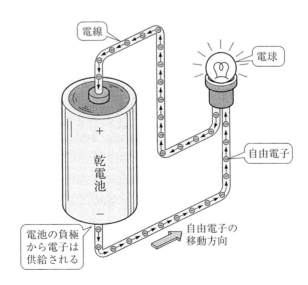

図 1-2　電子の流れ

　また，電池の負極からは電子が連続して供給される．したがって，負の電荷をもった電子が電池の負極から供給されているため負の電荷をもつ電子の流れができる．この電子の流れが電流で，電子は電池の負極から正極に向かって流れる．しかし，一般に電流の流れる方向は図1-3に示すように，電子の流れとは反対の方向と約束して取り扱っている．

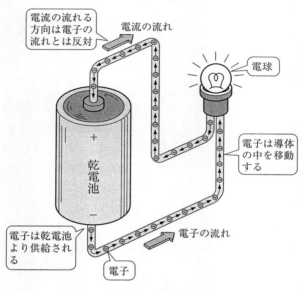

図1-3　電流の流れ

　これは，電子の存在が発見されていなかった19世紀の初めに，当時の学者が電流の流れは電池の正極から負極に向かって流れると約束し，これに従って電気の理論が発表されてきたことによる．したがって，現在でも多くの国々では電池の正極（＋）から負極（－）に向かって電流が流れるとして取り扱っている．日本でも電流の流れる方向は電池の正極から負極に向かって電流は流れるとしている．

1.4　電界中の電子の運動

　電子は負の電気を帯びており電子が運動する場合，その動きが最も単純となるのは分子や原子などが存在しない真空中である．したがって，ここでは真空中におけ

る電界による電子の運動について述べる.

図 1-4 に示すように内部を真空にしたガラス管の中に 2 枚の電極板を設け, そ
れぞれの金属板に直流電圧を加える. 電極に電圧を加えると直流電圧の値の大き
さにより図 1-4 で示したように電気力線が正の電極から負の電極に向かって生じ
る. これを直流電圧により電極間に電界が生じたという.

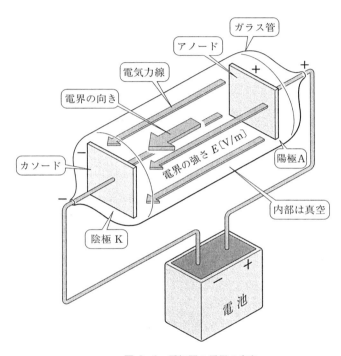

図 1-4 電極間の電界の向き

いま, 負電極面に 1 個の電子が置かれているとする. この電子は負の電荷を帯
びている. したがって, 電界による力を受けて正電極面に向かって動き出し, 最終
的には正電極面に衝突して吸収される.

また, この電子を図 1-5 に示すように, 電極に対して直角方向から電極間の電
界の中に飛び込ませると, 電子は負電荷を帯びているため, 正電極の方向に曲げら
れる. このように電子の進む方向が電界によって曲げられることを**静電偏向**
(electrostatic deflection) と呼んでいる.

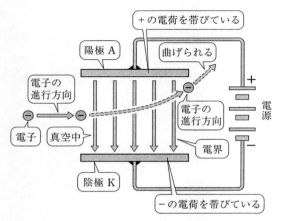

図 1-5　電界中の電子の動き

 ## 1.5　磁界中の電子の運動

　電子は電界だけではなく磁界によっても力を受ける．これは図 1-6 に示すように永久磁石による磁界中に電子が磁界と直角方向から飛び込んでくると，電子は電磁力により進む方向が曲げられる．

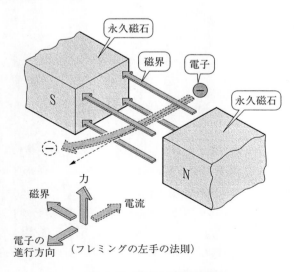

図 1-6　磁界中の電子の動き

　これはフレミングの左手の法則によるものでフレミングの左手の法則とは,図1-7に示すように左手の親指,人差し指および中指を互いに直角となるように広げたとき,人差し指の方向が磁界の向きに,中指の方向が電流の流れる方向(電子では移動する方向が逆となる)とすると,親指の方向が電子に働く力となる.図1-7では電子に働く力の方向をフレミングの左手の法則により求める場合,図1-2で示したように電子の流れる方向と電流の流れる方向とは逆となるため注意しなければならない.

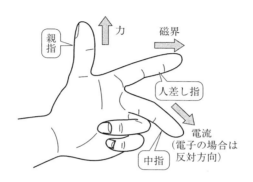

図1-7　フレミングの左手の法則

　しかし,磁界中にある電子が移動しない場合には,磁界中に電子があっても電界の場合とは異なり磁界中では電子には電磁力が働かない.したがって,磁界中を移動していない電子は,電界中とは異なり動くことはできない.

　このように電子が磁極間の磁界に対して直角に飛び込んでくると電子に電磁力が働き,電子の進行方向が曲げられる.このように電子の進行方向を磁界により曲げることを**電磁偏向**(electromagnetic deflection)と呼んでいる.

 ## 1.6　電子放出

　物質には内部の電子が空間に飛び出さないように電子を引き止めるエネルギーがある.一般にこのエネルギーのことを**仕事関数**(work function)と呼んでいる.仕事関数とは,図1-8に示すように物質内の電子を1個空間に取り出すために必要なエネルギー量で表している.仕事関数の単位として電子ボルト〔単位記号:eV〕が用いられている.

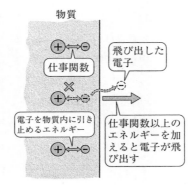

図 1-8　仕事関数

　物質から**電子放出**（electron emission）を行わすには，物質の仕事関数に打ち勝つエネルギーを外部から加えなければならない．したがって，仕事関数の値が小さな物質ほど加えるエネルギーの値は小さくてよく，電子放出を容易に行うことができる．

　物質の仕事関数の値は，物質の種類，温度，表面の状態などにより異なり，一般に金属では表 1-1 に示すように仕事関数の値は小さい．したがって，電子放出を行う材料として金属がよく用いられている．

　物質より電子放出を行わせる方法には大きく分けて次に示す4つの方法がある．

① 　熱を加える……………………… 熱電子放出
② 　光を当てる………………………… 光電子放出
③ 　高速で電子をぶつける………… 二次電子放出

表 1-1　各金属の仕事関数

金　　属		仕事関数 ϕ 〔eV〕
金	Au	4.32
炭素	C	4.34
セシウム	Cs	1.81
モリブデン	Mo	4.20
ニッケル	Ni	4.61
白金	Pt	5.32
タンタル	Ta	4.19
トリウム	Th	3.3
タングステン	W	4.52

　④　強い電界を加える……………… 電界放出

これらの電子放出について以下に簡単に説明する.

（1）　熱電子放出

　熱電子放出は図 1-9 に示すように, 金属を加熱して金属がある一定温度に達すると, 金属の表面が振動してそこから電子が放出される. このように金属を加熱して電子を空間に放出させることを**熱電子放出**（thermionic emission）といい, このとき放出された電子を**熱電子**（thermion）と呼んでいる.

　熱電子といっても特別な電子ではなく, ただ, 熱を加えて空間に取り出した電子という意味で, 電子そのものは金属の中に存在する電子と同じものである.

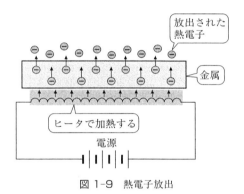

図 1-9　熱電子放出

（2）　光電子放出

　光電子放出は, 図 1-10 に示すように金属の表面に光を当てた際にも電子の放出が生じる. これは, 熱エネルギーによる熱電子放出の場合と同じように, 光が当たると金属表面が振動して電子が放出されるものである. これを**光電子放出**（photoelectric emission）といい, 放出された電子を**光電子**（photoelectron）と呼んでいる. 光電子も熱電子と同様に電子そのものには変わりはない.

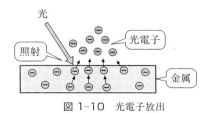

図 1-10　光電子放出

（3）　二次電子放出

　電子を金属に衝突させると**二次電子放出**（secondary emission）が生じる．これは図 1-11 に示すように電子を勢いよく金属に衝突させると，衝突した電子とは別の電子が金属から放出される．金属から放出された電子のことを二次電子（secondary electron）と呼び，このとき衝突させた電子を**一次電子**（primary electron）と呼んでいる．

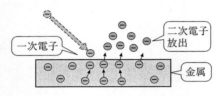

図 1-11　二次電子放出

（4）　電界放出

　電界放出は，図 1-12 に示すように向かい合った 2 つの電極間の電圧の値がある値を超えたときに生じる．これは電極間の電界のエネルギーが金属の仕事関数以上になった際に生じるもので，これを**電界放出**（field emission）と呼んでいる．

　電界放出では熱電子放出のように金属を加熱していないため，これを**冷陰極放出**（cold emission）とも呼んでいる．電界放出を行わすには金属表面にきわめて強い電界を金属の外から内側に向かう方向に加える必要があり，このとき放出される電子の数は電界の値が大きくなるにつれて多くの電子が放出される．

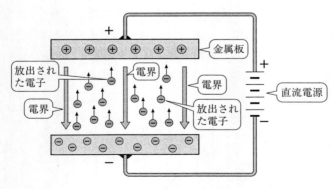

図 1-12　電界放出

1・1　自由電子とはどのような電子か簡単に述べよ.

1・2　電子と電流との関係について述べよ.

1・3　真空中に2枚の電極を向かい合わせて設置し,その電極に直流電圧を加え電極間に電界を生じさせる.この電界に対して直角方向に電子を通過させた場合,電子はどのような運動をするか.

1・4　物質より電子放出を行わせる方法には,どのような方法があるか.

電気の基礎

　電気は日常生活やあらゆる産業に広く利用され，その役割は重要な地位を占めている．電気を学ぶには電気の基本的な性質や取り扱い方を十分に理解する必要がある．そこで，第2章では，これら電気の基礎として直流回路の電流・電圧および抵抗について述べ，次に，電気回路の働きや，電気回路に使用されている電気材料などについて述べる．

2.1　直流回路の電流および電圧

　電流（current）は電子の移動によって生じる．また，電位差（potential difference）がなければ電流は流れない．電気を利用するには電気の流れである電流による作用を用いる場合が多い．まず，電気回路の働きを理解するには直流回路で最も基本的な電流・電圧および抵抗についての知識を身に付け，さらに，これらの電流・電圧および抵抗の相互関係についても十分に理解しておく必要がある．

1　電　荷

　2つの異なった物体を摩擦すると，それぞれの物体に電気が生じる．物体の摩擦により生じた電気の種類には陽電気（＋）と陰電気（－）とがある．物体に生じた電気はその物体固有のものではなく，摩擦する相手の物体の種類によって異なってくる．

　図2-1に示すように左右に並べられている物体の中から任意の2種類の異なる物体を選び，選んだ物体を互いに摩擦すると，図2-1に示した物体で左側に示されている物体に陽電気，右側に示されている物体に陰電気が生じる．例えば，絹と綿

布を摩擦すると図2-1に示した物体の左側に示されている絹に陽電気が，右側に示されている綿布に陰電気が生じる．

図 2-1　摩擦による電気の発生

　また，生じる電気の量が最も大きなものは，図2－1に示した物体の両端に示された毛皮と硫黄を摩擦した場合である．このように摩擦した物体に電気が生じることを物体が帯電したという．帯電した物体がもっている電気のことを電荷と呼び，「1.2　電荷」のところでも述べたように物体に電気が生じることを物体が帯電したという．帯電した物体がもっている電気のことを電荷と呼び，その単位にはクーロン〔単位記号：C〕を用いる．

② 導体と絶縁物

　電気材料にはいろいろな種類の材料がある．電気材料の中には電気をよく通すものや，ほとんど電気を通さないものがある．一般に電気をよく通す物体を**導体**（conductor）と呼び，電気をほとんど通さない物体を**絶縁体**（insulator）と呼んでいる．

　帯電している物体が乾いた空気でまわりを囲まれていれば，物体に帯電している電荷は長時間そのままの状態を維持することができる．しかし，帯電している物体を銅線などで大地に接続すると，電荷は瞬時に消滅してしまう．これは帯電している物体の電荷が銅線を通って大地に移動したためである．このように電気を取り扱うには導体（銅線）と絶縁体（絶縁物）とが必要である．

　導体には金属，酸，塩，アルカリ水溶液，炭素などがある．また，絶縁体にはゴム，ガラス，磁器，合成樹脂，絶縁紙，絶縁油，綿，絹，乾いた空気などがある．これらの絶縁物で物体が囲まれている場合，その物体は絶縁されているという．

　このほか，物体には導体および絶縁体の中間のような特異な性質をもっている材料がある．これを**半導体**（semiconductor）と呼んでいる．半導体は導体に比べて普通の状態では自由電子の量はわずかしかない．しかし，半導体に熱や光や電圧な

どを加え，これらがある一定限度以上加えられると電子の量が急に増えるなどの特異な性質をもっている．この特異な性質を利用したものに半導体素子がある．これらの半導体はダイオードやトランジスタなど半導体素子の半導体材料として広く用いられている．

❸　電　流

　電流は「1.3　電子と電流」でも述べたように電荷が移動したときに生じるものである．いま，図2-2に示すように電池の陽極＋と陰極－との間に導線を用いて電球を接続し，スイッチSを閉じると電球は点灯する．これは電池から導線を通して電球に電流が流れたためである．電流は電荷の移動によって生じ，電球に流れる電流の大きさは単位時間当たりに移動する電荷の量で表している．電流の単位はアンペア〔単位記号：A〕を用いる．

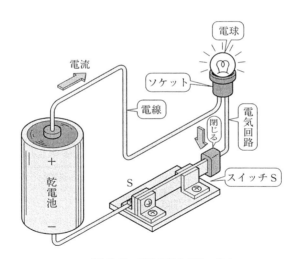

図 2-2　電気回路と電流の流れ

　電流 1A が電気回路を流れているということは，1s（秒）間当たりに 1C（クーロン）の電荷が移動した場合をいう．したがって，t 秒間に Q〔C〕の電荷が一定の速さで移動したときの電流の大きさ I は，

$$I = \frac{Q}{t} \ \text{〔A〕} \tag{2-1}$$

となる.

　このように電池から流れ出る電流のように電流の流れる向きが一定で，図 2-3 (a) に示すように，時間が経過してもその大きさは変わらない電流を**直流電流** (direct current) と呼んでいる．また，図 2-3 (b) に示すように時間の経過と共にその大きさは変わるが，流れる電流の方向が変わらない電流を**脈動電流**（pulsating current) と呼んで，直流と同じように扱っている.

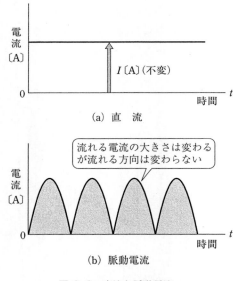

図 2-3　直流と脈動電流

　電流が導体を流れると，これに伴って種々の作用が生じる．これらの作用により電流の存在を知ることができる．また，電気を利用するには電流による作用が広く利用されている．電流の流れによる作用とは,

① **熱作用**

　電流が導体を流れると熱が発生する．この発生した熱を利用しているのが電熱器などである．また，白熱電灯では金属線に電流を流し，電流によって熱せられた金属から放出される光を利用したものである.

② 磁気作用

電流が流れている導体の周囲の空間には磁界が生じる．この磁界による磁気作用を利用して発電機，電動機，変圧器，電磁石などが働いている．

③ 化学作用

電解液に直流電流を流すと化学作用が生じる．この作用は化学工業に広く利用されている．また，電気分解や電気メッキや電池などにも応用されている．

4 電 圧

電池の正極と負極とを導体で結ぶと導体に電流が流れる．これは電池の両極間に電流を流そうとする働きがあるためである．この電池の両極間に接続した導体に電流を流そうとする電気的な圧力を電圧（voltage）と呼んでいる．

電池の正極と負極間に電圧があるのは，電気の化学作用により電池の内部では正極側（＋）には正電荷が，負極側（－）には負電荷が集中して分布しているからである．したがって，図2-2に示したように電池の両極間に電線を接続すると，正極から負極に向かって電流が流れる．この電圧の単位にはボルト〔単位記号：V〕を用いる．

電池のように電圧によって電流を連続して供給できる機能を起電力（electromotive force）と呼び，起電力を持つ装置を電源（power source）という．起電力の単位も電圧と同じボルト〔V〕で表す．

また，図2-4に示すようにAおよびBの水そうをパイプで接続すると，AおよびBの2つの水そうの水位の差により水そうAからパイプを通して水位の低い水そうBに向かって水が流入する．電気もこれと同じ働きがあり，図2-5に示すように電池と電球とを接続し，スイッチSを閉じると電位（electric potential）の高い方から電位の低い方に電位差が生じて電気回路に電流が流れる．電位および電位差の単位は電圧と同様にボルト〔V〕を使用する．

図2-4に示したように電池に電球を導線で接続すると，この回路に電流が流れて電球は明るく点灯する．これは電球に電流が流れると電流の発熱作用により電球のフィラメントが高い温度となり光を発生するからである．このように電球に電流を流すためには電流が流れる通路が必要である．この電流の通路を電気回路（electric circuit）または単に回路（circuit）と呼んでいる．

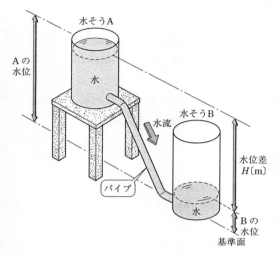

図 2-4　水位と水位差

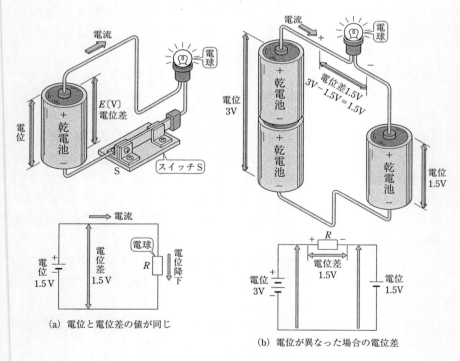

(a) 電位と電位差の値が同じ

(b) 電位が異なった場合の電位差

図 2-5　電位と電位差

5 電気抵抗

図 2-4 で示したように 2 つの水そうの間のパイプに水を流した場合，同じ落差の場合でもパイプの太さやパイプの内部の状態で流れる水の量は異なってくる．電気回路もこれと同じように，導体を流れる電流も同じ値の電圧に対して電流が流れやすいものと流れにくいものとがある．この電流の流れを妨げる性質を**電気抵抗**（electric resistance）または単に**抵抗**（resistance）と呼んでいる．

導体とか絶縁物であるとかの区別は，抵抗の値の大小によるものである．導体のように電流が流れやすいものを抵抗の値が小さいといい，絶縁物のように電流が流れにくいものを抵抗の値が大きいといっている．抵抗の単位にはオーム〔単位記号 $: \Omega$〕が用いられている．特に絶縁物の場合は抵抗の値が大きくなる．したがって，絶縁抵抗の単位としては 1Ω の 10^6 倍である $M\Omega$（メグオーム）が使用されている．

6 静電容量

一定量の水を形状の異なる種々の容器に入れると，その容器の大きさにより水位は異なる．これと同じようにある一定量の電荷を絶縁されている種々の導体に加えて帯電させると導体の電位は上昇する．しかし，電位の上昇の割合は導体の形状や大きさによって異なる．

1 つの独立した導体は，電位 V と導体に蓄えられた電荷 Q の値に比例し，次に示す関係式が得られる．

$$Q = CV \ \text{〔C〕} \tag{2-2}$$

上式の比例乗数 C を，その導体の**静電容量**（capacity）と呼んでいる．また，2 つの導体があり，その一方に $+Q$，他方に $-Q$ の電荷を与え，2 つの導体の電位差が V であるとき，2 つの導体間の静電容量 C の値は，

$$C = \frac{Q}{V} \ \text{〔F〕} \tag{2-3}$$

となる．

静電容量の単位にはファラド〔単位記号：F〕を用いる．1 F は 1 V の電圧で 1 C の電荷が蓄えられる静電容量の大きさである．静電容量の値を大きくし，電位を高くすることなく多量の電荷を蓄えられるようにするには，**図2-6**に示すように導体を配置したものを**コンデンサ**（capacitor）と呼んでいる．

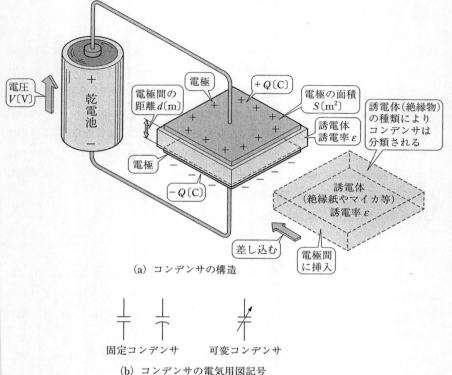

（a）コンデンサの構造

固定コンデンサ　　　可変コンデンサ

（b）コンデンサの電気用図記号

図 2-6　静電容量（コンデンサ）

　コンデンサの静電容量の値は，図 2-6 に示すように絶縁された 2 枚の平行平面導体から構成されているものでは，電極の面積 S〔m²〕，電極間の距離 d〔m〕および電極間に挿入する絶縁物の種類により定まり，次式で表される．

$$C = \frac{\varepsilon S}{d} \ \text{〔F〕} \tag{2-4}$$

　ただし，ε は絶縁物の誘電率で電極間が真空の場合は 1 である．
　コンデンサは電極間に挿入される絶縁物の種類で分類されており，その代表的なものには，紙コンデンサ，マイカコンデンサ，油入コンデンサ，フィルムコンデンサ，電解コンデンサ，磁器コンデンサなど多くの種類のコンデンサが作られている．

2.2 電気回路

電気回路には図 2-7 (a) に示す「実体配線図」を用いて示すことができる.

しかし,図2-7(a)で示した程度の簡単な電気回路であれば実体配線図により電気回路の配線を示すことができる.しかし,電気回路がより複雑になってくると実体配線図では配線が入り組んで複雑となり,どのような電気回路が組み立てられているかわからなくなる.

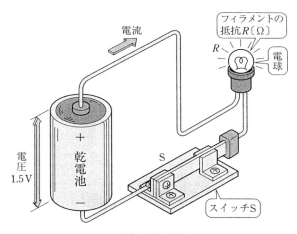

(a) 実体配線図

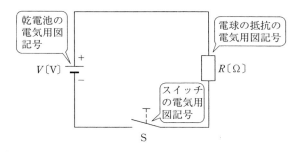

(b) 展開接続図

図 2-7 電気回路

　そこで，図2-7 (b) に示すように電気回路に使用する電気器具を実物で示すので
はなく，JISで定められている電気用図記号を用いて書かれた「展開接続図」により
電気回路を表している．このように電気回路で使用する電気器具を電気用図記号
で表した電気回路の構成要素は，器具の端子間を接続する電線の抵抗は無視し，電
球はフィラメントの抵抗で表している．

１　オームの法則

　図2-8に示す電気回路では導体の両端に電圧を加えると電流が流れる．この場
合，導体に流れる電流の大きさは加えた電圧の大きさに比例する．また，電流は導
体の抵抗の値に反比例する．この関係を**オームの法則** (Ohm's law) と呼んでいる．

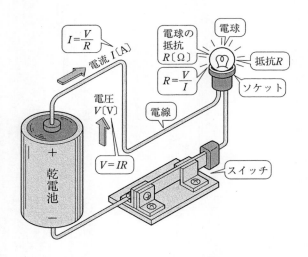

図 2-8　電気回路とオームの法則

　オームの法則は，導体の抵抗を R 〔Ω〕，加えた電圧を V 〔V〕，流れる電流を I 〔A〕
とすれば，

$$I = \frac{V}{R} \text{ 〔A〕}, \quad V = IR \text{ 〔V〕} \quad R = \frac{V}{I} \text{ 〔Ω〕} \tag{2-5}$$

の関係がある．この式 (2-5) により電流，電圧，抵抗のうち2つの値がわかれば他
の1つの値は計算により求めることができる．

　このオームの法則は，1826年にオームによって明らかにされたもので，この法則はオームが実験により求めた実験式で，金属および電解液には適用できるが気体放電には適用することはできないため注意する．

　図 2-9 に示す電気回路では，電圧計 V_1 の指示は IR_1〔V〕である．これは抵抗 R_1 の端子間 ab には IR_1〔V〕の電位差があることを示している．一般に R_1〔Ω〕の抵抗に I〔A〕の電流が流れると抵抗の端子間には IR_1〔V〕の電位差が生じる．

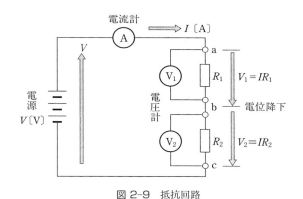

図 2-9　抵抗回路

　したがって，抵抗 R_1 の端子 b には，端子 a より IR_1〔V〕だけ電位が低くなる．この電位の降下を**電位降下**（fall of potential）と呼び，その大きさは電位差で表す．また，電位降下の方向は電流の流れる方向を正として生じる．

2　抵抗の接続

　電気回路ではいくつかの抵抗を接続して使用する場合が多い．基本的な抵抗の接続方法には，図 2-10 に示すように直列接続，並列接続および直並列接続がある．これらの抵抗を接続した電気回路の端子間 ab から見た抵抗を**合成抵抗**（combined resistance）と呼んでいる．

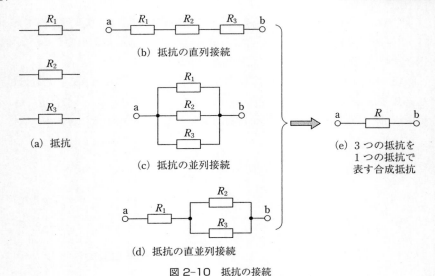

（a）抵抗

（b）抵抗の直列接続

（c）抵抗の並列接続

（d）抵抗の直並列接続

（e）3 つの抵抗を
　　1 つの抵抗で
　　表す合成抵抗

図 2-10　抵抗の接続

（1）　直列接続

　何個かの抵抗を直列に接続することを直列接続という．図 2-11 に示す回路は 3 個の抵抗を直列に接続した直列回路である．直列抵抗回路の合成抵抗 R の値は，各抵抗値の和となる．これは直列抵抗回路では各抵抗に同じ値の電流 I が流れるためである．したがって，各抵抗の両端の電圧の値はオームの法則から，

$$V_1 = IR_1, \quad V_2 = IR_2, \quad V_3 = IR_3 \tag{2-6}$$

となる．

　端子 ab 間の電圧 V は，各抵抗の両端の電圧の値の総和となる．したがって，電圧 V は，

$$V = V_1 + V_2 + V_3 = I(R_1 + R_2 + R_3) \tag{2-7}$$

となる．

　そこで直列に接続された 3 個の抵抗の合成抵抗の値を R とすれば，

$$R = \frac{V}{I} = R_1 + R_2 + R_3 \tag{2-8}$$

となり，

$$V = IR, \quad R = \frac{V}{I} \ (\Omega) \tag{2-9}$$

となる．

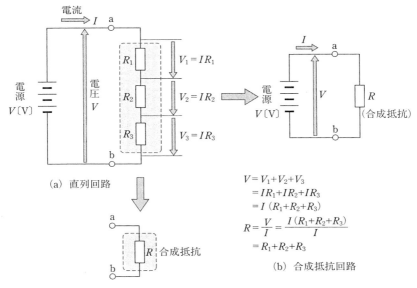

$$V = V_1 + V_2 + V_3$$
$$= IR_1 + IR_2 + IR_3$$
$$= I(R_1 + R_2 + R_3)$$

$$R = \frac{V}{I} = \frac{I(R_1 + R_2 + R_3)}{I}$$
$$= R_1 + R_2 + R_3$$

(b) 合成抵抗回路

図 2-11 抵抗の直列接続回路

このことから直列に接続された抵抗の合成抵抗 R の値は，直列に接続された各抵抗の値の和となる．一般に抵抗が直列に接続された抵抗回路の合成抵抗 R の値は，直列に接続された各抵抗のいずれの抵抗の値よりも大きくなる．

(2) 並列接続

図 2-12 に示すように 3 個の抵抗を端子 ab 間に並行させて接続することを抵抗の並列接続という．抵抗の並列接続では端子 ab 間に電圧 V を加えると各抵抗には同じ値の電圧が加わる．

したがって，各抵抗を流れる電流の値はオームの法則により，

$$I_1 = \frac{V}{R_1}, \quad I_2 = \frac{V}{R_2}, \quad I_3 = \frac{V}{R_3} \tag{2-10}$$

となる．

端子 a に流入する流入する電流を I とすれば，電流 I は各抵抗を流れる電流の総和となり，

$$I = I_1 + I_2 + I_3 = V\left(\frac{1}{R_1} + \frac{1}{R_2} + \frac{1}{R_3}\right) \tag{2-11}$$

となる．

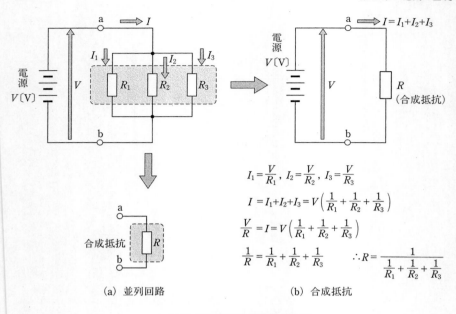

(a) 並列回路   (b) 合成抵抗

図 2-12 抵抗の並列接続回路

そこで並列に接続された 3 個の抵抗の合成抵抗値を R とすれば，

$$\frac{V}{R} = I = V\left(\frac{1}{R_1} + \frac{1}{R_2} + \frac{1}{R_3}\right)$$

$$\frac{1}{R} = \frac{1}{R_1} + \frac{1}{R_2} + \frac{1}{R_3}$$

$$\therefore R = \frac{1}{\dfrac{1}{R_1} + \dfrac{1}{R_2} + \dfrac{1}{R_3}}$$

(2-12)

となる．

　したがって，並列に接続された抵抗の合成抵抗 R の値は，各抵抗の逆数の和の逆数となる．一般に抵抗が並列に接続された抵抗回路の合成抵抗 R の値は，各抵抗のいずれの値よりも小さくなる．

（3）直並列回路

抵抗の直並列回路は，図2-13に示すように抵抗の直列回路と並列回路とが組み合わされた回路である．図2-13で示した直並列回路の合成抵抗Rの値と各部の電圧および電流の状態について調べてみる．

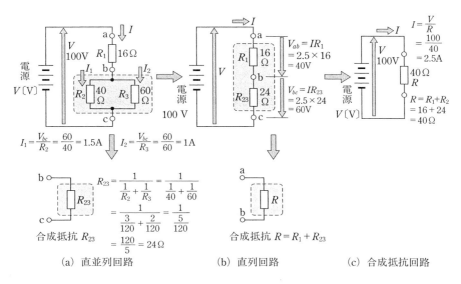

（a）直並列回路　　　　　（b）直列回路　　　　（c）合成抵抗回路

図2-13　抵抗の直並列接続回路

図2-13に示した直並列回路の合成抵抗Rの値を求めるには，まず，端子bc間の並列回路の合成抵抗R_{bc}の値を求める．端子bc間の合成抵抗R_{bc}の値は，

$$R_{bc} = \cfrac{1}{\cfrac{1}{40} + \cfrac{1}{60}} = \cfrac{1}{\cfrac{3}{120} + \cfrac{2}{120}} = \cfrac{1}{\cfrac{5}{120}} = \frac{120}{5} = 24\ \Omega$$

となる．

また，端子ac間の合成抵抗R_{ac}の値は，

$$R_{ac} = R_{ab} + R_{bc} = 16 + 24 = 40\ \Omega$$

となる．

次に，端子ac間に100Vの電圧を加えたとき，それぞれの抵抗を流れる電流IとI_1およびI_2の値をオームの法則を用いて求めると，

端子 a から直列回路に流れる電流 I の値は,

$$I = \frac{V}{R_{ac}} = \frac{100}{24} = 2.5 \text{ A}$$

となる.

次に端子 ab 間および端子 bc 間の電圧の値をそれぞれ V_{ab} および V_{bc} とすれば,

$$V_{ab} = R_{ab} \times I = 16 \times 2.5 = 40 \text{ V}$$
$$V_{bc} = R_{bc} \times I = 24 \times 2.5 = 60 \text{ V}$$

となる.

また, 抵抗 R_2 および R_3 に流れる電流 I_1 および I_2 の値を求めると,

$$I_1 = \frac{V_{bc}}{R_2} = \frac{60}{40} = 1.5 \text{ A}$$
$$I_2 = \frac{V_{bc}}{R_3} = \frac{60}{60} = 1 \text{ A}$$

となり, それぞれの抵抗を流れる電流の値を求めることができる.

 ## 2.3　電力と電力量

電気回路に電圧が加えられて電流が流れると電流の働きにより種々の仕事がなされる. なされた仕事の 1 秒間の量を電力 (power) という. また, 一定の電力のもとに, ある時間内になされる仕事の総量を, その時間内における**電力量** (electric energy) と呼んでいる.

1 電力

図 2-14 に示す抵抗回路に電圧 V〔V〕を加えると電流 I〔A〕が流れる. このように抵抗 R〔Ω〕の抵抗に I〔A〕の電流が流れるとき, 抵抗には単位時間当たり (1 秒間当たり) RI^2〔J〕の熱量が発生する.

抵抗に生じる熱量は電気エネルギーが熱エネルギーに変換されて生じたものである. 熱量 I^2R〔J〕は, この抵抗回路における電流の**仕事率** (power) である. また, 抵抗回路における仕事率を**電力** (electric power) と呼んでいる. 電力の単位にはワット〔単位記号：W〕が用いられている.

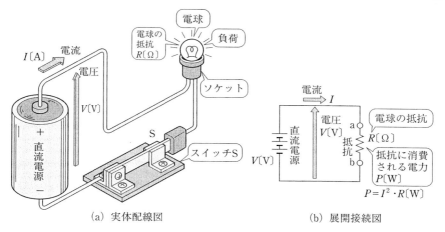

図 2-14　電力回路

　1Wの電力は1秒〔s〕当たり1Jの電気エネルギーに相当する．したがって，抵抗回路で消費される電力 P〔W〕は，電圧を V〔V〕，電流を I〔A〕，抵抗を R〔Ω〕とすれば，

$$
\left.
\begin{aligned}
P &= I^2 R \ \ \text{〔W〕} \\
P &= IR\,\frac{V}{R} = VI \ \ \text{〔W〕} \\
P &= I^2 R = R\,\frac{V^2}{R^2} = \frac{V^2}{R} \ \ \text{〔W〕}
\end{aligned}
\right\}
\tag{2-13}
$$

となる．

　このように電圧 V〔V〕を加え，電流 I〔A〕が流れている抵抗回路の電力 P の値は VI〔W〕となる．また，電流によって仕事が行われるものを**負荷**（load）と呼んでいる．

❷　電力量とジュールの法則

　電流が時間内になす仕事（エネルギー）の総量を電力量という．電力量の単位にはワット時（単位記号：Wh）を用い，1Wh とは1Wの電力を1時間〔h〕使用したときの電力量である．したがって，P〔W〕の電力を1〔h〕の間使用したときの電力量 W の値は，次式により求められる．

$$
W = Pt \ \ \text{〔Wh〕}
\tag{2-14}
$$

　大きな値の電力量を表すには，1W の 1000 倍である 1kW の電力を 1h の間使用したときの電力量である〔kWh〕（キロワット時）を使用する．1kWh は，

$$1\,\text{kWh} = 1000\,\text{W} \times 3600\,\text{s} = 3.6 \times 10^6 \ \text{Ws} \tag{2-15}$$

となる．

　抵抗を有する導体に電流が流れると熱が発生する．このようにして発生する熱をジュール熱（Joule heat）と呼んでいる．発生した熱量は抵抗の大きさと電流の大きさの 2 乗と，電流を流した時間の積に比例する．この関係をジュールの法則（Joule's law）と呼んでいる．いま，R〔Ω〕の抵抗に I〔A〕の電流を t〔s〕時間流したときに発生する熱量 H は，次式で表される．

$$H = I^2 R t \ \text{〔J〕} \tag{2-16}$$

　熱量 H の単位はジュール〔単位記号：J〕で，エネルギーの単位であるが熱量を表す単位として**カロリー**（calorie）〔単位記号：cal〕がある．この熱量〔J〕とカロリー〔cal〕との関係は，

$$\left.\begin{array}{l} 1\,\text{J} = 0.24\,\text{cal} \\[4pt] 1\,\text{cal} = 4.2\,\text{J} \\[4pt] 1\,\text{Ws} = 1\,\text{J} \end{array}\right\} \tag{2-17}$$

となる．

　1cal とは，1g（1cc）の水の温度を 1℃上げるのに必要な熱量で，これを 1cal と呼んでいる．

第 2 章　練習問題

2·1　電気を使用するには,一般には電流による作用が広く利用されている.電流の流れによる作用にはどのような作用があるか.

2·2　電線のある断面を1 s(秒)間に10 Cの割合で電荷が通過している.この電線に流れている電流の大きさは何〔A〕か.

2·3　電圧が 3 V の乾電池に抵抗 6Ω の電球を接続すると,電球に流れる電流の大きさは何〔A〕か.

2·4　ある抵抗に 200 V の電圧を加えたら 25 A の電流が流れた.この抵抗の値は何〔Ω〕か.

2·5　15 Ω, 25 Ω, 60 Ω の抵抗を直列接続した回路の合成抵抗 R の値は何〔Ω〕か.

2·6　20 Ω と 30 Ω と 60 Ω の抵抗を並列接続した回路の合成抵抗 R の値は何〔Ω〕か.

2·7　40 W の抵抗に 20 A の電流を流すと,この抵抗に消費される電力の値は何〔kW〕か.

2·8　100 W の電球 5 個を 2 時間 30 分使用した場合,消費される電力量の値は何〔kWh〕か.

交流回路

電気には直流と交流とがある。実際に工場や家庭などで使用されている電圧や電流の多くは**交流**（alternating current）が使用されている。交流は直流に比べて異なった性質をもっている。したがって、その取扱いにも異なった点が多い。

また、交流にもいろいろな波形の交流がある。第3章では交流の最も基本である正弦波交流について交流の性質やその取扱い方法について述べる。

3.1 交 流

直流は電流の流れる方向も、また、その大きさも一定であると考えてきた。これに対して交流では電流の流れる方向とその大きさは時間と共に規則正しく変化する。したがって、交流回路では、交流回路における種々の法則を十分に理解しておかなければならない。

1 正弦波交流

電流が電線の中を絶えず一方向のみに流れる電流を直流電流と呼んでいる。また、流れる電流の方向およびその大きさが一定の周期で変化する電流を交流電流と呼んでいる。

交流電流にもその波形が三角波や方形波などいろいろな波形がある。普通、われわれが利用している交流は、図3-1に示すように正弦波状に変化する波形である。これを正弦波電流と呼んでいる。電圧についても同様で、電圧の大きさおよび方向が一定の周期で正弦波状に変化する電圧を正弦波電圧と呼んでいる。

図3-2に示すように電流が正弦波状に変化している場合、時間 a より e までの

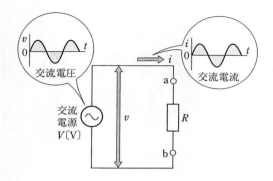

図 3-1   正弦波交流

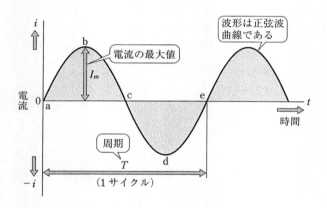

図 3-2   正弦波交流電流の表し方

一波形を完了する変化を**サイクル**（cycle）という．この一波形を完了するに要する時間を**周期**（period）と呼ぶ．また，1秒間のサイクル数を**周波数**（frequency）といい，単位はヘルツ〔単位記号：Hz〕を用いる．いま，周波数を f〔Hz〕，周期を T〔s〕とすれば，

$$f = \frac{1}{T} \tag{3-1}$$

の関係がある．

正弦波交流電流を表すのに周波数が f〔Hz〕で，電流の最大値が I_m〔A〕の正弦波交流電流の瞬時値 i は次式で表される．

$$i = I_m \sin 2\pi ft = I_m \sin \omega t \tag{3-2}$$

　ここで, ωは**角速度**（angular velocity）または**角周波数**（angular frequency）と呼ばれ, $\omega = 2\pi f$の関係がある. 2πとは1周期に相当する角度〔rad〕を表し, $2\pi f$は1秒間にf回波形が繰り返されることを示している.

　交流は大きさが絶えず変化するために, 実際に交流を取り扱う場合には, 交流電流波形は交流電圧の行う仕事の大きさから定めた**実効値**（effective value）を用いる. 実効値は交流の各瞬時値（iまたはv）の2乗の平均根（$\sqrt{(i^2 \text{の平均})}$または$\sqrt{(e^2 \text{の平均})}$）として求められる.

　一般に交流電流および交流電圧を取り扱う際には, 何〔A〕, 何〔V〕とその値を呼んでいる. これらの値はすべて実効値を指している. 正弦波交流電流および正弦波交流電圧で, 最大値がそれぞれI_m〔A〕, V_m〔V〕の場合の実効値IおよびVの値は, 次式より求められる.

$$\left.\begin{array}{l} I = \dfrac{I_m}{\sqrt{2}} \ \text{〔A〕} \\[3mm] V = \dfrac{V_m}{\sqrt{2}} \ \text{〔V〕} \end{array}\right\} \tag{3-3}$$

　したがって, 実効値がI〔A〕またはV〔V〕の正弦波交流の瞬時値iまたはvは次式で表される.

$$\left.\begin{array}{l} i = \sqrt{2}\ I \sin \omega t \ \text{〔A〕} \\[2mm] v = \sqrt{2}\ V \sin \omega t \ \text{〔V〕} \end{array}\right\} \tag{3-4}$$

2　交流のベクトル表示

　力などのように方向と大きさをもつ物理量を**ベクトル**（vector）という. しかし, 交流はベクトル量ではないが, 正弦波交流はベクトルに置き換えて考えると, その性質をよく表すことができる. また, 取扱いも便利となる. したがって, 正弦波交流ではベクトルによる表示法がよく使用されている.

　図3-3（a）に示すように電流の絶対値がI_mで**偏角**（deviation）がϕのベクトル$\dot{I}_m$を矢印で示す反時計方向に一定の角速度ω〔rad/s〕で回転している場合, Y軸上の投影iは次式により表される.

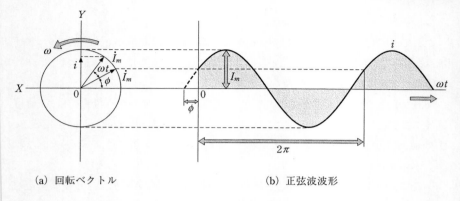

(a)　回転ベクトル　　　　　　　　　(b)　正弦波波形

図 3-3　　正弦波交流のベクトル表示

$$i = I_m \sin(\omega t + \phi) \tag{3-5}$$

したがって，i は最大値が I_m〔A〕で位相角が $+\phi$ の正弦波交流は，絶対値が I_m で偏角が $+\phi$ の回転ベクトルに置き換えて表すことができる．

3.2　交流の基本回路

交流には種々の波形がある．しかし，基礎となる波形は正弦波である．交流回路は抵抗，インダクタンスおよび静電容量からなり，交流回路の計算は振幅の他に周波数や位相についても考慮する必要がある．したがって，交流回路の計算は直流回路の計算よりも複雑なものとなる．

交流回路の主な構成要素は抵抗 R，インダクタンス L，静電容量 C である．実際の交流回路はこれらの要素がいろいろな形に組み合わされているものが多い．したがって，これら各種の構成要素を使用した交流回路について述べる．

1　抵抗 R のみの回路

図 3-4 に示す交流回路で，抵抗 R〔Ω〕のみの回路に交流電圧 $v = V_m \sin \omega t$〔V〕の交流電圧を加えた場合，この回路にはオームの法則に従って電流 i が流れる．この電流 i の値は次式により表される．

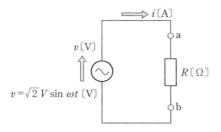

図 3-4　抵抗 R のみの回路

$$i = \frac{v}{R} = \frac{V_m \sin \omega t}{R} = \sqrt{2}\,\frac{V}{R} \sin \omega t \ [\text{A}] \tag{3-6}$$

　抵抗 R のみの回路に流れる電流 i は，加えた電圧 v と同相である．この関係は図 3-5 に示すように波形およびベクトル図により表すことができる．

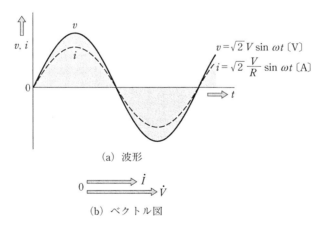

(a) 波形

(b) ベクトル図

図 3-5　抵抗 R のみの回路の波形とベクトル図

　このように交流回路で抵抗 R のみの回路では交流回路の場合でも，直流回路の場合と同様に簡単に計算により求めることができる．交流回路で抵抗 R のみの回路としては白熱電灯や電熱器が負荷の場合である．

❷　インダクタンス *L* のみの回路

交流回路で図 3-6 に示すようなインダクタンス *L* 〔H〕のみの回路に交流電圧 $v = \sqrt{2}\,V\sin\omega t$ を加えると，交流回路に交流電流 *i* が流れる．また，インダクタンス *L* には，

$$v_L = -L\frac{di}{dt} \tag{3-7}$$

なる起電力が発生する．

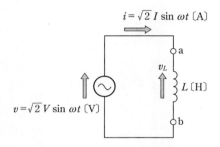

$i = \sqrt{2}\,I \sin \omega t\,〔A〕$

v_L

a

L〔H〕

b

$v = \sqrt{2}\,V \sin \omega t\,〔V〕$

図 3-6　インダクタンス *L* のみの回路

交流回路に加えた交流電圧 *v* とインダクタンス *L* に発生した起電力 v_L とは，大きさが等しく位相が逆であり $v = L\,di/dt$ となる．したがって，この回路に流れる電流 *i* は，

$$i = \frac{V_m}{\omega L}\sin\left(\omega t - \frac{\pi}{2}\right) = I_m \sin\left(\omega t - \frac{\pi}{2}\right)\,〔A〕 \tag{3-8}$$

となる．

これはインダクタンス *L* を流れる電流は最大値が $\sqrt{2}\,V/\omega L$ で，位相は図 3-7 に示すように電圧に対して 90° 遅れる．この電圧と電流との関係を実効値で表せば，

$$I = \frac{V}{\omega L} = \frac{V}{2\pi fL}\,〔A〕 \tag{3-9}$$

となる．

上式の $\omega L = X_L$ は，回路に電流が流れるのを妨げる働きを表すもので，これを**誘導性リアクタンス**（inductive reactance）X_L と呼び，単位にはオーム〔単位記号：Ω〕を用いる．また，抵抗 *R* とインダクタンス *L* とが直列に接続された回路では，

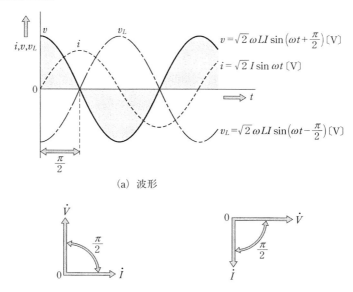

（a）波形

（b）電流を基準としたベクトル図　　（c）電圧を基準としたベクトル図

図 3-7　インダクタンス L のみの回路の波形とベクトル図

$Z=\sqrt{R^2+(\omega L)^2}$ で回路に電流が流れるのを妨げる働きを表し，Z を**インピーダンス**（impedance）と呼び，単位にはオーム〔単位記号:Ω〕を用いる．

3 静電容量 C のみの回路

交流回路で，図 3-8 に示すような静電容量 C〔F〕のみの回路に交流電圧 $v=\sqrt{2}\,V\sin\omega t$ を加えると，交流電圧 v の変化に従ってコンデンサに蓄えられる電荷 q の量も絶えず変化する．

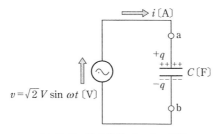

図 3-8　静電容量 C のみの回路

　このように静電容量と電源との間で電荷の移動が行われるために，交流回路には電流 i が流れる．この電流 i の値は次式で表される．

$$i = \frac{V_m}{\dfrac{1}{\omega C}} \sin\left(\omega t + \frac{\pi}{2}\right) = \omega C V_m \sin\left(\omega t + \frac{\pi}{2}\right) = \sqrt{2}\, I \sin\left(\omega t + \frac{\pi}{2}\right) \quad (3\text{--}10)$$

　式 (3–10) からコンデンサ C に流れる電流 i は，電圧 v より 90° 進んでいることがわかる．

　これらの関係をベクトル図および波形で示すと，図 3–9 に示すようになる．電圧および電流の関係を実効値で表せば，

$$I = \frac{V}{\dfrac{1}{\omega C}} = \omega C V \,\text{〔A〕} \tag{3--11}$$

となる．

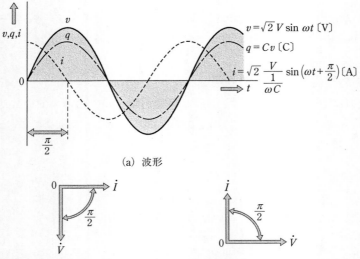

(a) 波形

(b) 電流を基準としたベクトル図　　(c) 電圧を基準としたベクトル図

図 3-9　静電容量 C のみの回路の波形とベクトル図

この $1/\omega C = X_C$ は，交流回路に電流が流れるのを妨げる働きを表すもので，これを**容量性リアクタンス**（capacitive reactance）X_C と呼び，単位にはオーム〔単位記号：Ω〕を用いている．また，抵抗 R と静電容量 C とが直列に接続されている回路のインピーダンス Z は，

$$Z=\sqrt{R^2+\left(-\frac{1}{\omega C}\right)^2}$$

で表している．

❹ RLC回路

交流回路で，図3-10に示すように抵抗 R〔Ω〕，インダクタンス L〔H〕および静電容量 C〔F〕が直列に接続された回路について考えてみる．図3-10に示した R，L，C の直列回路の電圧と電流との関係を表すベクトル図は，図3-11に示すようになる．

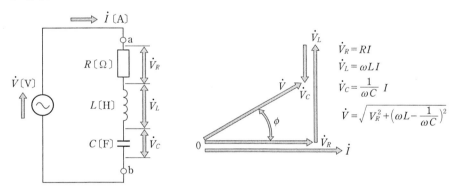

図3-10 *RLC* の直列回路　　　　図3-11 *RLC* 直列回路のベクトル図

このベクトル図より電流と電圧の大きさと位相 ϕ の関係は，次式で示すようになる．

$$V=\sqrt{V_R^2+(V_L^2-V_C^2)}=I\sqrt{R^2+\left(\omega L-\frac{1}{\omega C}\right)^2} \text{〔V〕} \tag{3-12}$$

$$I=\frac{V}{\sqrt{R^2+\left(\omega L-\frac{1}{\omega C}\right)^2}}=\frac{V}{Z} \text{〔A〕} \tag{3-13}$$

$$\varphi=\tan^{-1}\left(\frac{\omega L-\dfrac{1}{\omega C}}{R}\right) \tag{3-14}$$

ただし，$Z=\sqrt{R^2+\left(\omega L-\dfrac{1}{\omega C}\right)^2}$ をインピーダンス Z で表している．

また，図3-11 からもわかるように R, L, C 回路に流れる電流は，$\omega L > 1/\omega C$ の場合には電圧より遅れ，$\omega L < 1/\omega C$ の場合には電圧よりも進む．

5　共振回路

交流回路において回路の構成要素 R, L, C と電流および電圧の値が一定でも，交流電圧の周波数 f の値を変化させると，回路に流れる電流の大きさが変化し，ある値の周波数に対して回路を流れる電流の値が最大または最小となる．このような状態を共振（resonance）という．この共振には直列共振と並列共振とがある．

（1）　直列共振

直列共振には図3-12 に示すような R, L, C 直列回路で，R, L, C の値と，電圧 V の値が一定であっても，電圧の周波数 f の値を変化させると，直列回路のインピーダンス Z の値が変化して直列回路に流れる電流 I の値が変化する．

いま，周波数 f の値が回路のリアクタンス ωL と $1/\omega C$ の値が等しくなる周波数 f_r〔Hz〕になると，電流 I の値は最大 I_r〔A〕となる．さらに周波数の値を増していくと電流 I の値は減少して行く．周波数 f_r と電流 I_r は次式で表される．

$$\left.\begin{aligned} f_r &= \frac{1}{2\pi\sqrt{LC}} \ \ 〔\text{Hz}〕 \\ I_r &= \frac{V}{R} \ \ 〔\text{A}〕 \end{aligned}\right\} \tag{3-15}$$

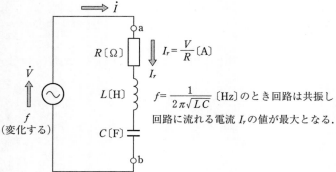

図 3-12　直列共振回路

　このようにして回路に流れる電流の値が最大となった状態を**直列共振**（series resonance）と呼んでいる．共振電流 I_r は電圧と同相となる．また，図3-13に示すような周波数に対する電流の変化を示す曲線を直列共振曲線と呼んでいる．

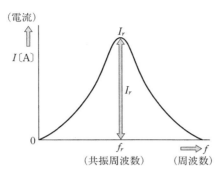

図3-13　直列共振曲線

（2）　並列共振

　図3-14 (a) に示すように L と C とを並列に接続した回路で，L, C および電圧 V の値を一定に保ち，電圧の周波数 f を0から増加して行くと，インダクタンス L に流れる電流 I_L と，静電容量 C に流れる電流 I_C の値は，図3-14 (b) に示す破線で示した曲線のように変化する．

　電源に流れる電流 $\dot{i}$ は，電流 $\dot{i}_L$ と $\dot{i}_C$ の合成電流となるが，電流の大きさ I は，$I = I_L = I_C$ となり，周波数 f に対する電流 I の変化は，図3-14 (b) の実線で示す曲線の

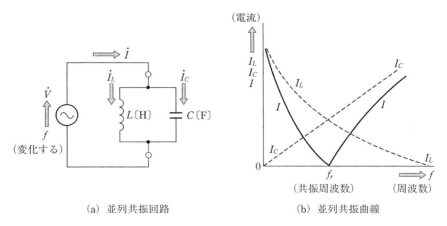

（a）並列共振回路　　　　　　　　（b）並列共振曲線

図3-14　並列共振

ようになる．このように電流 I の値は周波数 f が f_r〔Hz〕（共振周波数）で 0 となる．

　電流 I の値が 0 となった状態を**並列共振**（parallel resonance）といい，この場合の共振周波数の値も直列共振の場合と同じで，共振周波数 f_r の値は，

$$f_r = \frac{1}{2\pi\sqrt{LC}} \text{〔Hz〕}$$

である．

（3）　同　調

　交流回路に加えられている電圧の周波数 f の値が一定であっても，交流回路のインダクタンス L または静電容量 C の値を変化させて，この回路を共振状態にすることができる．このように L または C の値を変化させて回路を共振状態にすることを電気回路を**同調**（tuning）させるといっている．

 ## 3.3　交流電力

　直流回路の電力は，回路に加わる電圧と回路に流れる電流の値の積で求めることができる．しかし，交流回路では電圧および電流の値は時刻と共に変化する．したがって，交流電力の値も時刻により変化している．いま，電圧の瞬時値 v と電流の瞬時値 i を，

$$v = V_m \sin\omega t$$
$$i = I_m \sin(\omega t - \phi)$$

とすれば，瞬時値電力 p の値は，v と i の積で次式により表される．

$$p = vi = (V_m \sin\omega t) \times \{I_m \sin(\omega t - \phi)\} \tag{3-16}$$

　このように，交流電力の瞬時値は**図 3-15** に示すように 1 周期ごとに同じ変化を繰り返している．したがって，交流回路での電力 P は，p の 1 周期間の平均値として求め，次式で表している．

$$P = (p\text{の平均}) = VI\cos\phi \text{〔W〕} \tag{3-17}$$

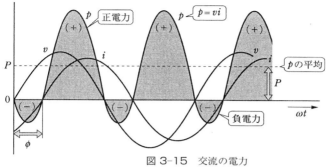

図 3-15　交流の電力

　電力の単位にはワット〔単位記号：W〕が用いられている．式 (3-17) で示した電力 P は負荷で有効に使用される電力のため，**有効電力**（active power）とも呼ばれている．また，負荷に加わる電圧 V〔V〕と負荷電流 I〔A〕との積，VI は見かけ上の電力である．これを**皮相電力**（apparent power）と呼び，単位にはボルトアンペア〔単位記号：VA〕が用いられている．

　負荷に加わる皮相電力のうちどれだけの電力が有効電力として使用されたか，この割合を表すものを**力率**（power factor）と呼んでいる．

　力率は次式で表される．

$$力率 = \frac{有効電力}{皮相電力} = \frac{P}{VI} = \frac{VI\cos\phi}{VI} = \cos\phi \tag{3-18}$$

　また，力率は百分率〔%〕で表されていることが多い．このほか，**無効電力**（reactive power）として $VI\sin\phi$ があり，無効電力の単位としてバール〔単位記号：var〕が用いられている．

第 3 章　練習問題

3・1　50 Hz の正弦波交流電流の周期は何〔ms〕か.

3・2　実効値が 200 V の正弦波交流電圧の最大値の値は何〔V〕か.

3・3　最大値が 20 A の正弦波交流電流の実効値の値は何〔A〕か.

3・4　インダクタンス $L = 0.4$ H のコイルがある. このコイルの 50 Hz および 60 Hz の交流に対する誘導リアクタンス X_{50} および X_{60} の値はそれぞれ何〔Ω〕か.

3・5　静電容量 20 μF のコンデンサに 100 Hz, 100 V の電圧を加えたときコンデンサに流れる電流 I の値は何〔A〕か.

3・6　力率が 0.6 の負荷に 200 V の正弦波交流電圧を加えたら 20 A の電流が流れた. 負荷に消費される電力 P の値は何〔kW〕か.

3・7　インダクタンス $L = 50$ mH のコイルとコンデンサ $C = 200$ pF の直列回路がある. この直列回路の共振周波数の値は何〔kHz〕か.

3・8　インダクタンス L の値が 0.5 mH の直列共振回路で, 1 MHz の周波数に対して同調を取るには, コンデンサ C の値は何〔pF〕にすればよいか.

第4章

半導体素子

　物質には銅，銀，アルミニウムなどのように電気をよく通す物体と，石英，マイカ（雲母），ガラスなどのように電気を通さない物体とがある．これらの物体で電気をよく通す物体を導体と呼び，電気を通さない物体を絶縁体と呼んでいる．

　これに対してトランジスタやダイオードなどの材料として用いられているけい素（Si）やゲルマニウム（Ge）などは，導体ほどではないがある程度の電気を通すことから半導体と呼んでいる．第4章では半導体の特性およびダイオードやサイリスタなどについて述べる．

4.1　半導体

　初期の半導体材料としてはGeが多く使用されていた．しかし，現在ではほとんどの半導体材料としてSiが用いられている．Siは半導体材料として多くの優れた特性をもっている．特に，Siの酸化物は安定した絶縁体でしかも高温で動作する素子を作ることが可能である．

　また，けい素（シリコン）は地球の地表の岩石中の半分近くを占めている．このように原材料が豊富で容易に入手することが可能である．したがって，現在ではSiが半導体材料として多く使用されている．

1　半導体材料

　一般に半導体材料の抵抗率の値は温度が低い場合にはその値は大きい．しかし，温度が上昇すると急激にその値は小さくなる．常温では$10^{-6} \sim 10^{-7}$〔Ω m〕程度の値である．電気材料として用いられている物質の抵抗率の例を図4-1に示す．

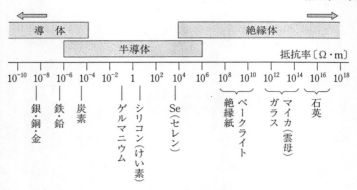

図4-1　物質の抵抗率の一例

　代表的な半導体材料としては，SiやGeのような単一元素の共有結合からなる結晶と，GaAs（ガリウムひ素）やZnSe（セレン化亜鉛）のような化合物結晶が用いられている．

　ダイオードやトランジスタ，IC（集積回路）などの半導体素子に使用されている半導体材料はSiである．また，この他の半導体材料として化合物半導体であるGaAsが用いられている．特に，GaAsの電子は移動度が大きいといった特徴があり，応答速度の速い半導体素子の材料として多く使用されている．

　図4-2に示すようにSiの原子核のまわりには14個の電子がある．その中の10個はより原子核に近い軌道にあって，これらの軌道には他の電子が入ることは難しく，この電子を**束縛電子**（bound electron）と呼んでいる．したがって，半導体材料としてのSiでは，軌道の最も外側を回っている最外殻電子が電子現象にかかわっている．

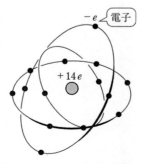

図4-2　シリコンの原子核と電子

半導体材料としてSiを使用するには純粋な単結晶で，しかも，適当な値の電気抵抗であることが必要である．しかし，Siの酸化物は二酸化けい素で，二酸化けい素が安定していることは，Si単結晶として精製し難いことである．このため，初期の半導体材料としては，精製がSiに比べて比較的容易にできるGeが半導体材料として使用されていた．

現在では精製技術が進歩してSiの純度を99.999 999 999%と9が11個（イレブンナイン）も続く高純度のSiが得られるようになった．Siの製造技術の進歩に伴い半導体材料としては特殊なものを除きSiを用いるようになった．

Si以外の半導体材料としてはGaAs（ガリウムひ素），ガリウムリン（GaP）およびインジウムアンチモン（InSb）などの化合物半導体材料が使用されている．現在では半導体材料としてSi以外の半導体材料も多く使用されている．

❷　半導体の種類

半導体にはn形とp形とがある．いま，Siに不純物としてホウ素（B）を溶かし込むと，図4-3に示すようにB（ホウ素）を溶かし込んだ半導体を**不純物半導体**（extrinsic semiconductor）と呼び，この半導体は電子が1個不足している．つまり**正孔**（positive hole）が1個できている状態にある．この半導体内の正孔はBに弱く捉えられている．しかし，この半導体は室温程度の熱エネルギーによって正孔が半導体結晶内を自由に動き回ることができる．

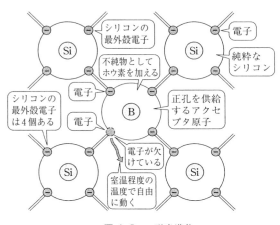

図4-3　p形半導体

　このように半導体内を正孔が自由に動くことができる半導体を p 形半導体（p-type semiconductor）と呼んでいる．このほか，Si に溶かし込む不純物には B 以外にインジウム（In），ガリウム（Ga），アルミニウム（Al）などがある．このように半導体に溶かし込んで正孔を供給する不純物を**アクセプタ**（acceptor）と呼んでいる．

　また，Si の結晶に不純物としてリン（P）を溶かし込むと，図4-4 に示すように半導体は電子が 1 個余り，余った電子は P に弱く捉えられている．しかし，この半導体は室温程度の熱エネルギーによって電子は結晶内を自由に動き回ることができる．このように電子が自由に動くことができる半導体を n 形半導体（n-type semiconductor）と呼んでいる．

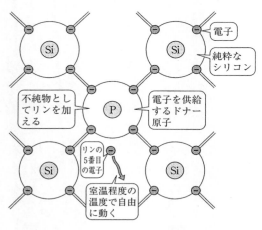

図4-4　n 形半導体

　n 形半導体は Si に溶かし込む不純物には P（リン）以外にひ素（As），アンチモン（Sb），窒素（N）などがある．このように電子を供給する不純物を**ドナー**（donor）と呼んでいる．

　これらの p 形および n 形の半導体の両端に電極を設け，電極間に電圧を加えると，図4-5 に示すように半導体の両端に電場が生じる．図4-5（a）に示した p 形半導体では，半導体の両端に電圧が加わると，正孔は正の電子をもった粒子のようにふるまい，正孔は正の電極から負の電極に向かって移動する．また，電流も正孔と同じ方向に流れる．

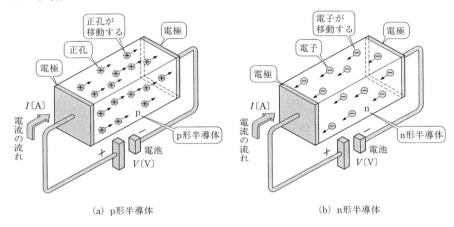

(a) p形半導体　　　　　　(b) n形半導体

図4-5　半導体の正孔および電子の動き

　一方,n形半導体では電子は負の電荷をもっていて,半導体の両端に電圧が加わると,図4-5(b)に示すように電子は正の電極の方向に移動する.このように半導体にはp形半導体とn形半導体とがある.

③　半導体の接合

　半導体にはp形半導体とn形半導体とがある.この2つの半導体を接合したものをpn接合(pn junction)と呼んでいる.pn接合された半導体は,図4-6に示すように接合部付近では,p形半導体からは正孔がn形領域に,一方,n形半導体では電子がp形半導体の領域に拡散により流れ込む.

　このようにp形半導体から正孔が流れ出ると,正電荷が流れ出たことになる.したがって,このp形半導体の領域は負に荷電されたことになる.また,n形半導体では,電子がp形半導体の領域に流れ出ると負電荷が流れ出たことになる.そこで,この部分は正に荷電されたことになる.

　このようにpn接合の半導体では,p形半導体とn形半導体の接合部分では正孔および電子が流れ出て,電子と正孔とが欠乏した領域ができる.この領域を空乏層(depletion layer)と呼んでいる.空乏層の幅はp形半導体およびn形半導体の不純物濃度で定まる.

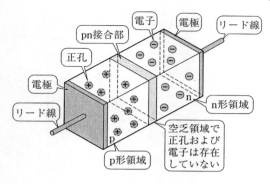

図4-6　pn接合された半導体

　いま, pn接合された半導体に図4-7に示すようにp形領域が負, n形領域が正となるように, それぞれの電極間に電圧を加えると, それぞれの半導体内の正孔および電子は, それぞれの電極に引かれて移動する. 正孔および電子がそれぞれの電極に引かれて移動すると空乏領域は広がる.

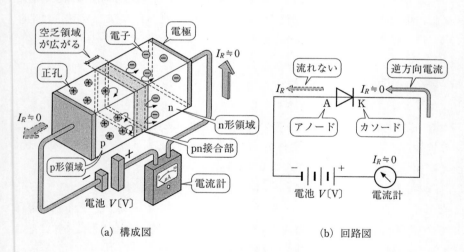

(a)　構成図　　　　　　　　　　　(b)　回路図

図4-7　半導体の逆方向電流

　空乏領域が広がるとこの空乏層は高抵抗の領域となり, 電流はほとんど流れることができなくなる. この状態を逆方向と呼んでいる. また, p形領域が正, n形領域が負となるようにそれぞれの電極に電圧を加えると, 図4-8に示すように空乏

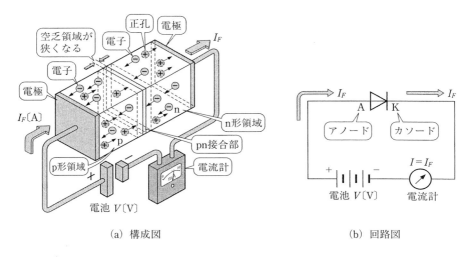

（a）構成図　　　　　　　　　　　　（b）回路図

図4-8　半導体の順方向電流

領域が非常に狭くなる．空乏層の領域が狭くなると正孔はp形領域からn形領域に流れ込む．また，電子はn形領域からp形領域に流れ込む．

　一方，電流は接合部を超えてp形領域からn形領域に流れる．このような状態を順方向と呼んでいる．このようにpn接合された半導体は，ある方向には電気を通すが，逆の方向には電気を通さない働きをする．この働きを**整流**（rectification）作用と呼んでいる．このpn接合による整流素子を**半導体ダイオード**（semiconductor diode）または単に**ダイオード**（diode）と呼んでいる．

4.2　ダイオード

ダイオードは整流作用のある2端子の半導体素子の総称である．ダイオードも半導体に溶かし込む不純物の種類やその量を変えることにより，表4-1に示すように数多くの特殊用途のダイオードが製造されている．ここでは一般に多く使用されているダイオードについて述べる．

表4-1　ダイオードの種類

名　称	記　号	用　途
ダイオード	⊕▷⊢ ⊕▶	整流用，検波用
可変容量ダイオード（バラクタダイオード）	⊕▷⊦	電子同調，FM変調 AFC回路，マイクロ波用
トンネルダイオード	⊕▷⊦	スイッチング，発振，増幅 （エサキダイオード）
一方向性降伏ダイオード（定電圧ダイオード）	⊕▷⊦	定電圧，基準電圧 （ツェナーダイオード）
発光ダイオード	▷⊢	表示器等
ホトダイオード	▷⊦	受光，光検出
光電池	⊣▷⊢	太陽電池
双方向性ダイオード（対称バリスタ）	⊣◁▷⊢	サージ吸収

備考：混乱のおそれがないときは記号の円を省いてもよい．

1　検波およびスイッチング用ダイオード

検波およびスイッチング用ダイオードは比較的小電流を流す回路で使用する．このダイオードに電圧を加えた場合，ダイオードの順方向電圧-電流特性は，図4-9に示すような特性となる．

図4-9からもわかるように順方向電流は順方向に印加された電圧の値があるスレッショルド (threshold)（しきい値）以上に達したときに順方向電流 I_F が流れ始める．このスレッショルド電圧 V_H の値は，Geダイオードで $0.2 \sim 0.4\,\mathrm{V}$（25℃），Siダイオードでは $0.5 \sim 0.8\,\mathrm{V}$ 程度の値である．

逆方向電流 I_R は，ダイオードに逆方向の電圧 V_R が印加されると，pn接合の内部にあるわずかな正孔と電子とが移動して逆方向に電流が流れる．ダイオードの逆

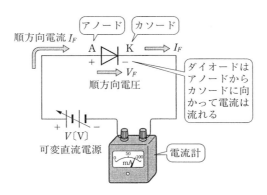

(a) 接続図

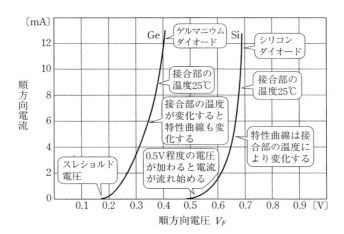

(b) 特性曲線

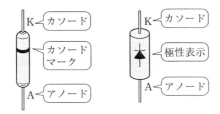

(c) ダイオードの極性表示

図4-9 ダイオードの順方向特性

方向電流の値は，ダイオードの接合部の面積に比例する．また，図4-10に示すようにGeダイオードよりSiダイオードの方が逆電流の値ははるかに小さな値となる．

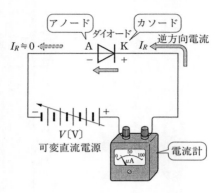

(a) 接続図

(b) 特性曲線

図4-10　ダイオードの逆方向特性

　検波およびスイッチング回路に用いるダイオードは，ダイオードの接合部容量の値が小さいことが望ましい．したがって，接合容量の値が小さい点接触形やボンド形のダイオードが多く使用されている．Siを用いた点接触形ダイオードは，マイクロ波の混合（ミクサ）や検波に使用されている．

　使用周波数範囲も1 GHz（1 000 MHz）から10 GHz程度までのものが製造されている．これらの超高周波用ダイオードの形状は，一般のダイオードとは異なり，リード線が使用されておらず，図4-11に示すような形状のダイオードが使用されている．

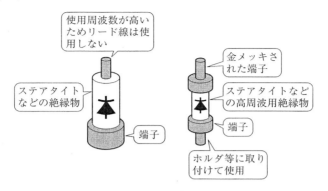

図4-11 超高周波用ダイオード

2 電力用ダイオード

　電力用ダイオードには合金形ダイオードが用いられている．合金形ダイオードは，n形シリコンの単結晶片に，InやAl等を合金としてpn接合を作ったものである．合金形ダイオードは順方向電圧の電圧降下の値が小さく電力回路の整流器として適している．

　しかし，接合部の面積が広くなり，接合部の静電容量の値が大きくなる．したがって，高周波回路の検波ダイオードとしては適さない．合金形の小電流用ダイオードは図4-12 (a) に示すような構造となっている．また，合金形の大電流用ダイオードは，図4-12 (b) に示すような構造となっている．

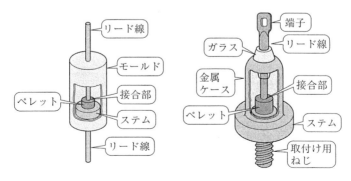

(a) 小電流用ダイオード　　　　　(b) 大電流用ダイオード

図4-12 電力用ダイオード

　また，拡散形ダイオードは，ペレット (pellet) の構造が合金形ダイオードとは異なるだけで，電極形成法などは合金形のダイオードとほとんど同じ方法により作られている．拡散形は n 形または p 形のシリコンウエハを 1 000 ～ 1 250℃ の高温炉内で，p 形あるいは n 形の不純物を含む気体で加熱し，その温度と加熱時間とによって定まる深さまで不純物を熱拡散させ，拡散により pn 接合を形成させて拡散形ダイオードを作っている．

　拡散の方法としては，エピタキシャル (気相成長) 法，プレーナ法，メサ法と呼ばれる加工技術を組み合わせて特徴のあるダイオードやトランジスタおよび IC などが製造されている．

❸　ガンダイオード

　ガンダイオード (Gunn diode) は，一般の整流素子のような pn 接合部はない．ガンダイオードに用いられる半導体素子は n 形半導体で，同質の GaAs の結晶を用いて作られている．

　ガンダイオードは，図4-13に示すような n 形の GaAs の結晶の両端に電極を設けたものである．ガンダイオードを働かすには，ガンダイオードの両端に設けられた電極間に直流電源を接続して直流電圧を加える．ガンダイオードに加えた電圧の値を増加させていくと，電圧の値が上昇するにつれて結晶内を移動する電子の速度も増加してくる．

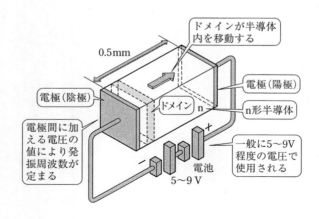

図4-13　ガンダイオードの素子

　電極間に加える電圧の値が定められた値に達すると，結晶格子により電子の速度エネルギーが吸収される．したがって，半導体内を移動していた電子は，電子の速度エネルギーが吸収されると電子の速度は減少してくる．このときガンダイオードの端子間に加えられている電圧の値を電圧の臨界値と呼んでいる．

　このようにガンダイオードに加えている電圧の値を大きくし，電圧の値を臨界値より大きな値の電圧をガンダイオードの端子間に加える．加わった電圧の値が臨界値を超えると，半導体素子の結晶の中の負の電極に近いところに電界の高い領域が発生し，この電界の高い領域が結晶内を移動するようになる．

　したがって，ガンダイオードは，半導体素子の端子間に臨界値を超えた電圧を加えると，半導体の内部に高電界の領域が発生し，これが移動しやがて消滅していく過程が周期的に現れる．このためガンダイオードの半導体素子の中を流れる電流も周期的に変化する．

　この電流の変化の周期は，周波数にすると $5 \sim 50$ GHz（1 GHz $= 10^9$ Hz）程度の周波数となる．このようにガンダイオードは，ガンダイオードを流れる電流の変化を利用してマイクロ波発振回路が作られている．ガンダイオードを用いたマイクロ波発振回路は，実用的には $3 \sim 70$ GHz で 1 W 以上の連続発振出力が得られる．また，200 GHz で 20 mW という発振回路の製作も可能である．

　ガンダイオードは，図4-14に示すように発振を起こす能動部と，ガンダイオードを外部回路に接続するための低抵抗性接触電極からなっている．図4-14からも分かるように，ガンダイオードによる発振回路は，発振周波数が高いために素子そのものが小さく，また，ガンダイオードは図4-15に示すようにリード線などは用いず直接発振回路に接続している．

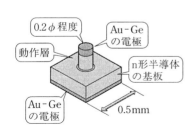

図4-14　ガンダイオードの構造の一例　　　　図4-15　ガンダイオードの外観の一例

④ ホトダイオード

　ホトダイオード(photo diode)は，ホトダイオードの接合部に光が入射されると，半導体素子のシリコン格子に結合されていた電子は結合を解き放たれて自由な電子となる．このように光によって自由になった電子や正孔が結晶内に発生する．ホトダイオードは，**図4-16**に示すようにホトダイオードの端子間には，逆方向に電圧が加えられている．ホトダイオードの接合部に光が入射すると自由になった電子や正孔が空乏領域に移動して，光の強弱に比例した大きさの逆方向電流が流れる．この逆方向電流を光電流 I_L と呼んでいる．

　ホトダイオードは図4-16に示したように，逆方向にバイアスされたホトダイオードのpn接合部に光を照射すると，電子や正孔が自由に動くことができるようになる．このように逆方向にバイアスされたホトダイオードに光を照射すると，電気回路には光の強弱に比例した光電流 I_L を流すことができる．

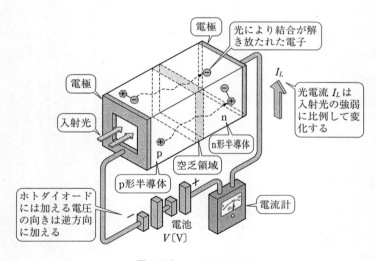

図4-16　ホトダイオード

　ホトダイオードは，電気的特性と共に光学的な特性についてもよく理解しておく必要がある．ホトダイオードは人間の目が赤外線や紫外線が見えないように，光の波長によって動作しない場合がある．Siのpn接合を利用したホトダイオードの特性は，一般に $400 \sim 1\,100$ nm（1 nm $= 10^{-9}$ m）の波長に対して動作する．また，

動作する波長の中でも800〜900 nmの波長に対して特に感度の良いピークの波長
がある.

　したがって,ホトダイオードを使用する場合には光源として波長が400〜1 100 nm
の領域の光を発生する光源が必要である. この範囲の波長の光を出す光源として
はタングステンランプ(白熱電球),太陽光,GaAs赤外発光ダイオードなどがある.

　また,ホトダイオードは光学的な指向性を有している.ホトダイオードの指向特
性は, ホトダイオードのチップを保護するためのパッケージがレンズとなってい
る. したがって,このレンズの形状によって指向特性が定まる. ホトダイオードの
形状は図4-17に示すように透明樹脂によりレンズが作られている. その指向特
性は図4-18に示すような特性となっている.

　ホトダイオードは,ホトトランジスタに比べて感度が低いといった欠点がある.
しかし, ホトダイオードには次に示すような特徴を有している.

① 　入射光量と出力電流との直線性が良い.

② 　応答速度が速い.

③ 　出力のばらつきが少ない.

④ 　ホトダイオードの周囲温度の変化による出力変動が小さい.

　したがって,入射光量と出力電流との直線性の良い特性を利用した光量測定器
や,応答速度が速いことを利用したリモートコントロール用の受光素子および光通
信用の受光素子として用いられている.

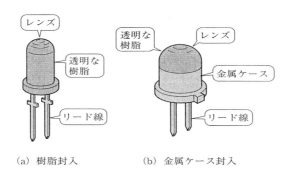

（a）樹脂封入　　　　　（b）金属ケース封入

図4-17

図4-17　ホトダイオードの外観の一例

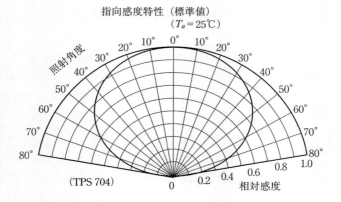

(a) 指向感度特性の指向角の広いホトダイオードの一例

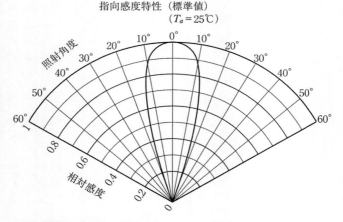

(b) 指向感度特性の指向角の狭いホトダイオードの一例

図4-18　ホトダイオードの指向感度特性

　ホトダイオードの電気的特性で光電流特性では，照度E_vが変化した場合の電圧-電流特性は，図4-19に示すように照度E_vが増加するにつれてpn接合の電圧-電流特性が下方に平行移動している．また，ホトダイオードの端子間を短絡すると照度E_vに比例した電流が流れる．この電流を短絡電流I_{sc}と呼んでいる．

　次に，ホトダイオードの端子を開放して光を受光面に照射すると，ホトダイオードの端子間には電圧が発生する．この電圧を開放電圧V_{oc}と呼んでいる．ホトダイ

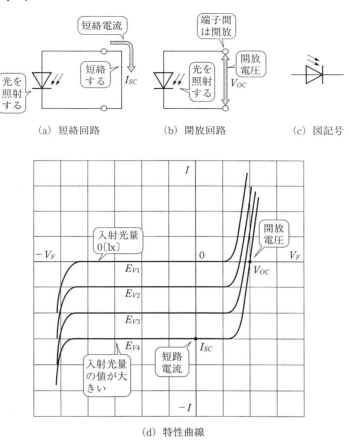

(a) 短絡回路　　　　(b) 開放回路　　　　(c) 図記号

(d) 特性曲線

図4-19　ホトダイオードの電圧-電流特性

オードの応答速度は，基本的にはホトダイオードの接合容量 C_j の値と負荷抵抗 R_L の値によって定まる．

　ホトダイオードを用いた検出回路は，応答速度は速いが光電流の値が小さいために，図4-20に示すように入力インピーダンスの値が大きいFET（電界効果トランジスタ）が使用されている．図4-20からもわかるように，ホトダイオードの極性に注意して回路を組み立てなければならない．

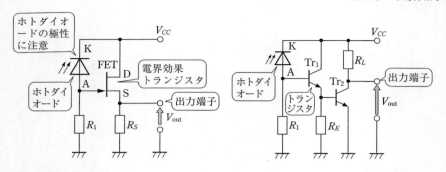

（a）電界効果トランジスタによる増幅回路　　　（b）トランジスタのダーリントン接続
　　　　　　　　　　　　　　　　　　　　　　　　　による増幅回路

図4-20　ホトダイオードによる光検出回路

5 発光ダイオード

　GaAsやGaPなどの化合物半導体で作ったpn接合に順方向電流I_Fを流すと接合面が発光する．半導体に電界を加えたときに発光する現象を電界発光と呼んでいるが，この現象も電界発光の一種で，注入形電界発光と呼ばれている現象である．注入形電界発光は，pn接合に加わっている順方向電圧によりp形領域には電子が，n形領域には正孔が注入されて再結合するときに発光する．この現象を利用したものに発光ダイオードがある．

　発光ダイオード（light emitting diode：LED）の形名を表すにはJIS C 7035によると，その構成は原則として次のようになっている．

1S	Q	11	A	−	B
個別半導体のデバイスを表す記号	発光ダイオードを表す記号	追番号	変更を表す記号		発光色を表す記号

により表されている．また，発光色を表す記号は**表4-2**に示すように記号によって分類されている．また，発光ダイオードはpn接合をもった半導体素子である．この半導体素子の両端子間に順方向電圧V_Fを加えるとn形領域から電子が，p形領域から正孔がpn接合部に移動する．

　pn接合部では移動した電子と正孔とが再結合する．このように発光ダイオードは電子と正孔とが再結合する際に光を発光する．電子と正孔とが再結合すること

表4-2　発光色を表す記号（JIS C 7035より抜粋）

発光色	青　色	緑　色	黄　色	橙　色	赤　色	その他
記　号	B	G	Y	A	R	Z

により光を発するのは，自由な電子と正孔とが結合状態になると，自由になったエネルギーが光となって放射されるためである．放射される光の色は半導体材料の種類と添加される添加物とによって定まる．

　発光ダイオードに使用される半導体材料にはGaAs, GaAsP（ガリウム・ひ素・リン），GaAsP/GaP（ガリウム・ひ素・リン／ガリウム・リン）などの半導体材料が使用されている．これらの半導体材料に添加物としてZnO（酸化亜鉛），GaN（窒化ガリウム）やN（窒素）などが加えられている．

　半導体材料と添加物とによる発光ダイオードの発光色との関係は，表4-3に示すようになっている．また，発光ダイオードの発光色とピーク発光波長範囲は表4-4に示すようになっている．発光ダイオードの発光色は表4-3に示したように，赤外線および可視光線の赤色から青色までの範囲の色を発光する．赤色の発光ダイオードは発光効率が良く，また，人間の目の色に対する感度も赤色に対して感度が良い．したがって，赤色発光ダイオードは表示用に適している．

表4-3　半導体材料と発光色の一例

発光色	半導体材料	ピーク波長 (nm)	順電流 (mA)	光　度 (mcd)
赤　色	GaP CaAsP CaAlAs	700 650 660	10 20 20	1〜2 2〜3 10〜200
橙　色	GaAsP	600	20	2〜8
黄　色	GaAsP	580	20	2〜6
緑　色	GaP(N) GaP	565 555	20 20	1〜10 1〜5
青　色	GaN ZnS	470 465	20 20	3 2

表4-4　発光色と波長範囲

発光色	青　色	緑　色	黄　色	橙　色	赤　色
波長範囲 (nm)	380〜490	490〜570	570〜590	590〜620	620〜780

　このような利点を利用して発光ダイオードでは赤色発光ダイオードが多く使用されている．一方，開発が最も困難だといわれていた高輝度の青色発光ダイオードが開発され，発光色がR, G, B（赤色，緑色，青色）の3色の発光ダイオードがそろい，これらの発光ダイオードを組み合わせたカラー用の発光ダイオードも市販され始めている．

　発光ダイオードの構造は，図4–21に示す構造となっている．発光素子（ペレット）は樹脂により封入されている．封入用樹脂はレンズの役割も果たしている．発

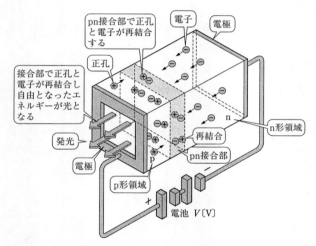

（a）発光ダイオードのペレットの構造の一例

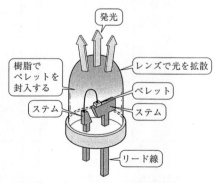

（b）発光ダイオードの構造の一例

図4–21　発光ダイオード

光ダイオードを表示用として使用する場合に光を発散させて使用している.このように光を分散させた方が強く一点が輝くよりも良く,また,目のためにも光を均等に分散させた方が目に刺激を与えない.したがって,表示用の発光ダイオードのレンズは光を広く平均に拡散するように作られている.

可視光用発光ダイオードは,次に示す種類のものが作られている.

(1) 赤色発光ダイオード

赤色発光ダイオードの半導体材料に GaP を用いた発光ダイオードがある.この赤色発光ダイオードは赤色を発光し,その波長のピーク値は 700 nm 付近にある.この赤色発光ダイオードは低電流領域で高い発光効率を示す.したがって,小さな値の電流で高輝度が得られる.

また,半導体材料に GaAsP を用いた赤色発光ダイオードは,そのピーク波長は 650 nm 付近にある.このほか,半導体材料に GaAlAs を用いた赤色発光ダイオードでは,そのピーク波長は 660 nm 付近にあり高輝度赤色発光ダイオードが作られている.

(2) 黄赤色(橙色)発光ダイオード

橙色発光ダイオードの半導体材料には GaAsP が用いられ,リンの比率が大きくなっている.この半導体材料に N(窒素)を添加したものを用いると,そのピーク波長が 600 nm 付近の橙色発光ダイオードが得られる.

(3) 黄色発光ダイオード

黄色発光ダイオードの半導体材料は橙色の発光ダイオードと同じ材料で,GaAsP に N が添加されている材料が使用されている.この黄色発光ダイオードでは,そのピーク波長が 580 nm 付近の黄色発光ダイオードが得られる.

(4) 緑色発光ダイオード

緑色発光ダイオードの半導体材料には GaP が用いられている.この材料に発光効率を良くするために N を添加したものが多く使用されている.この場合,そのピーク波長は 565 nm 付近にある.しかし,この波長では黄緑色に感じられる場合がある.

　これに対して半導体材料にGaPを用いた純緑色の発光ダイオードも作られている．この発光ダイオードでは，そのピーク波長が550 nmの緑色発光ダイオードが得られる．

（5）　青色発光ダイオード

　発光ダイオードで，青色を発光するものはその開発が難しく開発が大変遅れていたが，高輝度の青色発光ダイオードが開発された．青色発光ダイオードの半導体材料にGaN（窒化ガリウム）が用いられている．この青色発光ダイオードのピーク波長は470nm付近にある．また，順方向電圧 V_F の値は4 V程度となる．

　このように発光ダイオードも高輝度で，発光ダイオードの発光色が三原色のR，G，Bの発光ダイオードが製造され，この3色の発光ダイオードを用いたカラーディスプレイを作ることが可能となった．

（6）　赤外発光ダイオード

　赤外発光ダイオードは，その波長が920～1 000 nmと長く，光を目で見ることはできない．そこで，赤外発光ダイオードは家庭用電化製品のリモートコントロール用や，光電センサ等の光源としてよく使用されている．

　赤外発光ダイオードの半導体材料としてGaAsに添加物としてSiが用いられている．赤外発光ダイオードは添加するSiの量により波長が変化する．ピーク波長は920～1 000 nmとなっている．また，発光強度は順電流 I_F を50 mA程度流すと，赤外発光ダイオードの出力は数mWの出力が得られる．

　発光ダイオードは，図4-22に示すように一定の順方向電流 I_F を発光ダイオードに流して使用する．しかし，発光ダイオードにはそれぞれの最大定格順方向電流

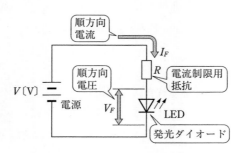

図4-22　発光ダイオードの電気回路

の値が定められている．したがって，最大定格の順方向電流I_Fの値以上の電流を流さないように注意しなければならない．

また，発光ダイオードは一般のダイオードとは異なり，逆方向電圧V_Rの値が3〜6V程度と小さい．したがって，間違って逆方向に大きな値の逆方向電圧V_Rを加えないように注意しなければならない．このように発光ダイオードの耐逆電圧の値が小さいのは，発光ダイオードの耐逆電圧の値を大きくすると，どうしても発光ダイオードの光量が低下するためである．

発光ダイオードの明るさは順方向電流I_Fの値により変化する．順方向電流の値が大きくなると光度は増加する．しかし，光度の増え方は発光ダイオードの半導体材料と発光色によって異なる．

発光ダイオードを駆動するには，図4-23に示す回路が使用されている．発光ダイオードの順方向電流-順方向電圧特性は，図4-24 (a) に示すようにSiダイオードと同じような特性をしている．しかし，スレッショルド電圧の値が異なっている．スレッショルド電圧の値は使用されている半導体材料と発光色とによっても異なり，赤色の発光ダイオードでは1.5〜2.0 V程度の値となっている．

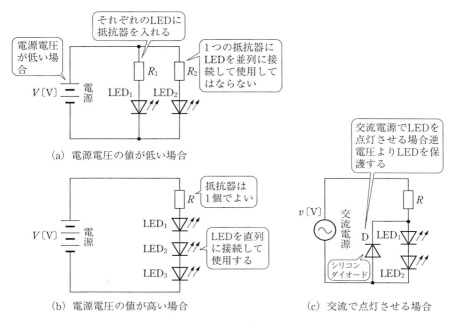

(a) 電源電圧の値が低い場合

(b) 電源電圧の値が高い場合

(c) 交流で点灯させる場合

図4-23　LEDの点灯回路の一例

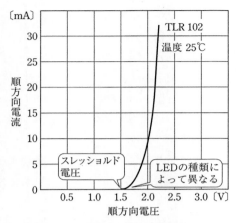

（a）順方向電流-順方向電圧特性の一例

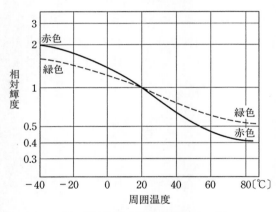

（b）相対輝度-周囲温度特性の一例

図4-24　発光ダイオードの特性の一例

　また，明るさの温度特性は，図4-24（b）に示すように約－1％/℃の温度特性を
もっている．したがって，発光ダイオードの接合部の温度が50℃上昇すると発光
ダイオードの輝度は50％と暗くなる．

6　可変容量ダイオード

　可変容量ダイオードはバラクタダイオード（varactor diode）またはバリアブルリ
アクタンスダイオード（variable reactance diode）とも呼ばれている．可変容量ダ

イオードは，ダイオードに逆方向電圧V_Rを加えると空乏領域の幅が変わることを利用したダイオードである．

可変容量ダイオードは，ダイオードの端子間に加えられる逆方向電圧V_Rの値により接合部の接合容量C_jの値が変化する．このように接合部電圧に対して接合部容量C_jの値が非直線に変化することを利用したダイオードである．

可変容量ダイオードに用いられる半導体材料は，SiやGaAsが使用されている．また，可変容量ダイオードの構造は図4-25（a）に示すように pn 接合を持ったダイオードである．このダイオードの端子間に逆方向電圧V_Rを加えて使用している．

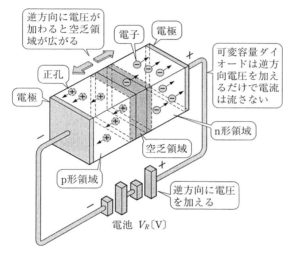

（a）可変容量ダイオードの構造の一例

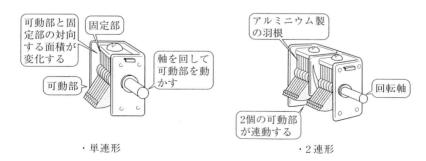

・単連形　　　　　　　　　　　・2連形

（b）可変容量コンデンサの外観の一例

図4-25　可変容量ダイオード

　ダイオードの空乏領域は電荷が空間的に分離されるため,ちょうどコンデンサと同じような働きをする.したがって,ダイオードに加えられている逆方向電圧 V_R の値が増加すると空乏領域の幅も広がってくる.これはコンデンサの2枚のプレートの間隔が広がったのと同じ状態となり,ダイオードの接合容量 C_j の値が小さくなる.また,逆方向電圧 V_R の値を減少させると空乏領域の幅が狭くなり,ダイオードの接合容量 C_j の値が大きくなる.

　このように可変容量ダイオードの端子間に加える逆方向電圧 V_R の値を変えることにより,ダイオードの端子間の静電容量の値を変化させることが可能となった.したがって,従来から使用されていた可変容量コンデンサは,図4-25 (b) に示すような対向した金属のプレートの一方を機械的な回転を利用して対向するプレートの面積を変化させることにより,プレート間の静電容量の値を変化させていたが,これを,半導体素子(可変容量ダイオード)に置き換えることが可能となった.

　可変容量ダイオードが開発されたのに伴い,可変容量ダイオードを用いることによりラジオをはじめテレビジョンの同調回路も,従来用いられていた同調回路に比べてはるかに小型に作ることが可能となった.

　現在では,ほとんどすべてのラジオやテレビジョンの同調回路には可変容量ダイオードが使用されている.このように同調回路に固体素子を使用することにより,振動に対する安定性や,雑音等による障害がなくなったばかりか,リモートコントロールによる同調回路の操作も容易となってきた.実際に使用されている可変容量ダイオードの特性の一例を表4-5に示す.

表4-5　可変容量ダイオードの逆方向電圧-容量特性の一例

形　名	用　途	逆方向電圧 V_R 〔V〕	端子間容量 C_1		端子間容量 C_2	
			逆方向電圧〔V〕	容量〔pF〕	逆方向電圧〔V〕	容量〔pF〕
1SV 68	FM受信機同調用	30	3	26〜32	25	4.3〜6
1SV 103	FM受信機同調用	32	3	37〜42	30	13.2〜16.2
1SV 100	AM受信機同調用	15	1	450〜600	9	20〜33
1SV 102	AM受信機同調用	30	2	360〜460	25	15〜21
1SV 134	AM受信機同調用	15	1	400〜550	8	20〜32

❼ 定電圧ダイオード

　定電圧ダイオードは**ツェナーダイオード**（Zener diode）とも呼ばれている．一般に整流用ダイオードは順方向に順方向電圧 V_F を加えれば順方向電流 I_F が流れる．また，逆方向電圧 V_R を加えれば逆電流 I_R が流れる．しかし，Si ダイオードでは逆方向電流 I_R の値は非常に小さな値である．

　整流用のダイオードでは，ダイオードに加える逆方向電圧 V_R の値が大きくなり，その値が許容値を超えて pn 接合部が破壊されるとダイオードは短絡または開放状態となって再び使用することはできなくなる．一方，定電圧ダイオードでは，図 4-26 に示すように pn 接合部に逆方向に電圧を加え，この逆方向電圧 V_R の値を増加させていくと空乏領域に強い電界が加わる．空乏領域の幅が狭い場合には，トンネル効果により pn 接合部を電子および正孔が通過して急激に電流が流れ始める．

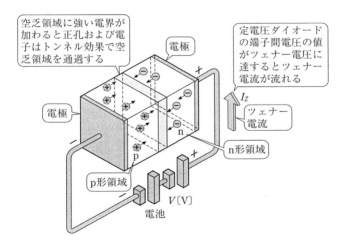

図 4-26　定電圧ダイオードの構造の一例

　この効果を**ツェナー降伏**（Zener breakdown）と呼んでいる．定電圧ダイオードはこの効果を利用したダイオードである．したがって，ツェナーダイオードと呼ばれている．しかし，その後研究が進み半導体の材料が Si の場合では，降伏電圧の値が 5〜6 V 以下の場合にツェナー降伏が生じる．しかし，降伏電圧の値が 5〜6 V 以上の場合には，急激に電流が流れ始めるのはツェナー降伏ではなく別の原因であることがわかった．

　その原因は，ダイオードに加わる逆方向の電圧の値を増加して行くと，空乏領域に強い電界が加わる．この強電界によって加速された電子と正孔が，半導体の結晶内の別の原子と衝突して価電子を飛び出させ，電子と正孔とを次々と雪崩的に増加させて急激に電流を流すようになる．この現象をアバランシェ効果（avalanche effect）と呼んでいる．

　このアバランシェ現象により逆方向電流 I_R の値が急激に増大し始めてから，大電流に至るまでの範囲の逆方向電圧の値の範囲が極めて小さく，いわゆる定電圧領域を有している．この定電圧領域の電圧の値をツェナー電圧と呼び，安定した定電圧を得ることができる．

　定電圧ダイオードに使用されている半導体材料には，Si が用いられている．この Si に不純物を加えて p 形および n 形の Si を作る．Si に加える不純物としては p 形 Si では Al 等を加える．また，n 形 Si では Sb 等を加えて pn 接合部を作る．

　実際の合金形ペレットは，図4-27（a）に示すような構造となっている．図4-27（a）に示したように n 形 Si ペレットに Al 線を用い，これを合金にして p 形とし pn 接合を作る．反対側は AuSb（金・アンチモン）片を用いてステムにマウントしたものが小電流用として用いられている．

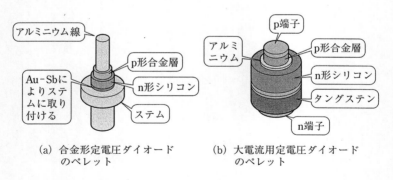

　　　（a）合金形定電圧ダイオード　　　　（b）大電流用定電圧ダイオード
　　　　　のペレット　　　　　　　　　　　　のペレット

図4-27　定電圧ダイオードのペレートの一例

　一方，大電流用としてはツェナーダイオードの放熱等を考慮して図4-27（b）に示すように，Si と熱膨張係数の値がほぼ等しいタングステン（W）やモリブデン（Mo）等と組み合わせたものを用いている．大電流用のツェナーダイオードは，図4-27（b）に示したようにペレットを W や Mo と組み合わせてサンドウイッチ構造としたものが用いられている．

　定電圧ダイオードの電圧–電流特性は図4-28に示すような特性となる．ツェナーダイオードのツェナー領域では，定電圧ダイオードに流れる電流の値が変化してもツェナー電圧の値はほぼ一定となる．しかし，実際には定電圧ダイオードを流れる電流の値によってツェナー電圧の値は多少変化する．ツェナーダイオードに流れる電流の値の変化に対して，電圧の値の変化がツェナーダイオードの動作抵抗r_dとなる．

　したがって，定電圧ダイオードを流れる電流の値に対しての電圧変化を小さくするには，ツェナーダイオードの動作抵抗r_dの値はできるだけ小さいことが望まし

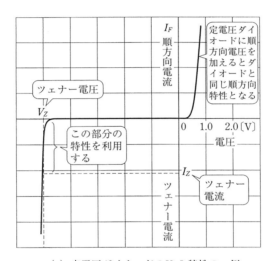

（a）定電圧ダイオードの$V\text{-}I$特性の一例

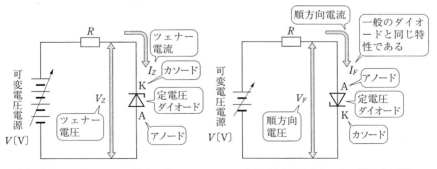

（b）定電圧ダイオードの基本回路　　　（c）定電圧ダイオードの順方向回路

図4-28　定電圧ダイオードの特性

く，理想的には動作抵抗r_dの値は0Ωである．しかし，実際に使用されているツェナーダイオードの動作抵抗r_dの値は有限である．この動作抵抗r_dの値が大きいと，何らかの原因によりツェナーダイオードを流れる電流の値が変化すると，ツェナー電圧の値も変動して一定の値の電圧が得られなくなる．

　ツェナーダイオードの電流の値に対する動作抵抗r_dの値の変化は，図4-29に示すように，ツェナー電圧の値が6～9V付近が最も動作抵抗r_dの値が小さくなっている．したがって，安定した定電圧を得ようとすればツェナー電圧の値が6～9Vの間のツェナーダイオードを用いて，図4-30に示すような定電流回路と組み合わせて使用すればある程度の安定した定電圧を得ることができる．

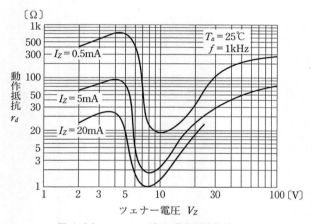

図4-29　ツェナー電圧-動作抵抗特性の一例

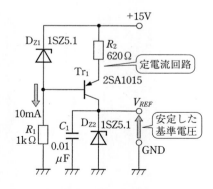

図4-30　基準電圧発生回路の一例

4.3 サイリスタ

サイリスタ (thyristor) には多くの種類の素子がある．特に逆阻止3端子サイリスタはSCRとも呼ばれて電力回路の制御用素子として多く使用されている．SCRはアメリカのGE社の商品名である．一般にはサイリスタと呼ばれサイリスタには多くの種類のものがあり，その代表的なものには逆阻止3端子サイリスタ，GTOサイリスタ，トライアック (TRIAC) 等がある．表4-6にサイリスタの種類をあげる．

表4-6 サイリスタの種類

名　称	構　造	電気用図記号	備　考
逆阻止3端子サイリスタ	G K(カソード) (ゲート) p n n p A(アノード)	A K G	ゲート信号によりターンオンする
ゲートターンオフサイリスタ (GTOサイリスタ)	G K(カソード) (ゲート) n p n p A(アノード)	A K G	ゲート信号によりターンオンおよびターンオフする
3端子双方向サイリスタ (TRIAC)	G T₁ n n p n p n T₂	T₁ T₂ G	どちらの極性に対しても正または負のゲート信号によりターンオンする

① サイリスタ

　サイリスタとは，その定義として「3つ以上のpn接合を，1個の半導体基板内に形成することによって電流を流さないOFF状態と，電流を流せるON状態の2つの安定した状態があり，かつ，ON状態からOFF状態に，また，逆にOFF状態からON状態に移行する機能を持った半導体素子」と定義されている．

　サイリスタは図4–31に示すような構造をしている．サイリスタは図4–31 (a)に示したようにダイオードに**ゲート**（gate）端子を設け，このゲート端子に**トリガ**（trigger）信号を加えることにより，整流機能を制御することができるpnpn構造の3端子半導体素子である．

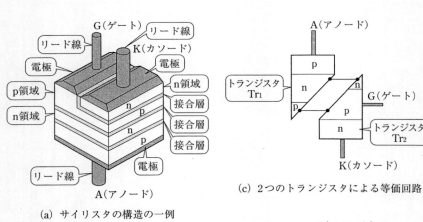

(a) サイリスタの構造の一例

(c) 2つのトランジスタによる等価回路

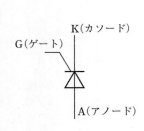

(b) サイリスタの電気用図記号

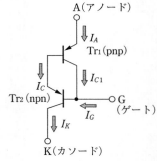

(d) トランジスタを用いた等価回路

図4–31　サイリスタ

　しかし，実際のサイリスタは図4—31（b）に示すように，pnpおよびnpn形の2個のトランジスタに置き換えてその基本動作を考えている．サイリスタは，ゲート端子に信号用のトリガ電圧を加えてゲートトリガ電流I_{GT}を流すことにより整流機能を制御できる半導体素子である．

　このようにサイリスタは小さな値のゲートトリガ電流I_{GT}を流すことにより，大きな値の負荷電流I_Lを制御することができる．サイリスタを分類すると先にあげた表4-6に示すように分類することができる．また，このサイリスタを直流回路に使用する場合には図4-32に示す回路が使用されている．

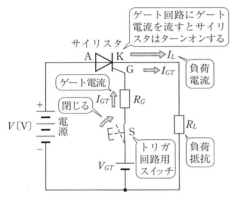

（a）ゲートトリガ用スイッチを閉じる

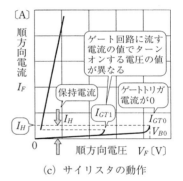

（c）サイリスタの動作

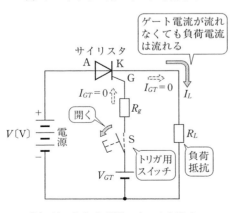

（b）ゲートトリガ用スイッチを開く

図4-32　直流回路での動作

　図4-32に示した直流回路で，サイリスタのゲート回路に入っているスイッチS
を閉じると，トリガ用のゲートトリガ電圧V_{GT}によりゲートトリガ電流I_{GT}がサイ
リスタのゲート回路に流れる．

　サイリスタのゲートにゲートトリガ電流I_{GT}が流れると，サイリスタは導通状
態（ONの状態）となる．したがって，サイリスタが導通して電源電圧が負荷抵抗
R_Lに加わり負荷抵抗には負荷電流I_Lが流れる．このようにサイリスタのゲート
端子にゲートトリガ電流が流れてサイリスタが導通状態になることを，サイリスタ
がターンオンしたといっている．

　また，ゲート回路のスイッチSを開いたままにして，サイリスタのアノード(A)と
カソード(K)の端子間に加えている電圧Vの値を0から増加して行くと，図4-33

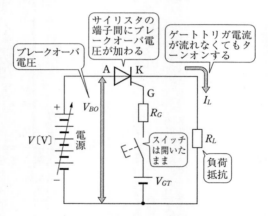

（a）サイリスタのブレークオーバ

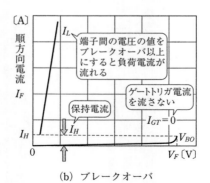

（b）ブレークオーバ

図4-33　サイリスタのブレークオーバ

に示すようにサイリスタのゲートにゲートトリガ電流を流していない状態でもサイリスタはターンオンする．このときサイリスタの端子間に加えられていた電圧 V の値をブレークオーバ電圧 V_{BO} と呼んでいる．

したがって，サイリスタを導通状態にするには，ゲートにサイリスタがターンオンするのに必要な大きさのゲートトリガ電流 I_{GT} を流すか，または，サイリスタがブレークオーバを起こす以上の電圧 V_{BO} をサイリスタの端子間に加えるかである．

しかし，サイリスタがブレークオーバを起こすまでサイリスタの端子間に加える電圧の値を大きくするような使い方はしない．サイリスタをターンオンさせるためにはゲート端子に電圧を加え，ゲートトリガ電流 I_{GT} を流してサイリスタをターンオンさせている．

直流回路でサイリスタを一度ターンオンさせると，ゲート回路のスイッチSを開いてもサイリスタはターンオフしない．サイリスタをターンオフさせるには図4-34に示すようにサイリスタを流れている負荷電流 I_L の値をサイリスタの保持電流 I_H の値以下にする必要がある．

負荷電流 I_L の値をサイリスタの保持電流 I_H 以下の値とするには，負荷抵抗 R_L の値を大きくして負荷電流 I_L の値を保持電流 I_H 以下にするか，サイリスタのアノード（A）とカソード（K）の端子間を短絡する．端子間が短絡されるとサイリスタを流れている電流の値が保持電流 I_H 以下となり，サイリスタはターンオフする．

また，交流回路では図4-35に示すように，サイリスタがターンオンしても電源の電圧が負の半サイクルになると，サイリスタの端子間には逆電圧が加わる．したがって，サイリスタに流れていた負荷電流 I_L の値が保持電圧 I_H 以下となり，サイリスタはターンオフする．

しかし，次の正の半サイクルの電圧がサイリスタの端子間に加わっても，サイリスタのゲートにゲートトリガ電流 I_{GT} が流れていない場合にはサイリスタはターンオンしない．したがって，サイリスタをターンオンさせるためには再びゲートにゲートトリガ電流 I_{GT} を流す必要がある．

このように交流回路でサイリスタを使用する場合には，図4-36に示すようにサイリスタの端子間に加わる電圧が正の半サイクルごとに，サイリスタのゲートにはゲートトリガ電流 I_{GT} を流さなければサイリスタを制御することはできない．

　また，サイリスタのゲートに加えるゲート電圧の位相を変えることにより，負荷に流す負荷電流I_Lの値を調整することができる．

　このようにゲート信号の位相を変えて，負荷に消費される電力の値を制御することを位相制御と呼んでいる．

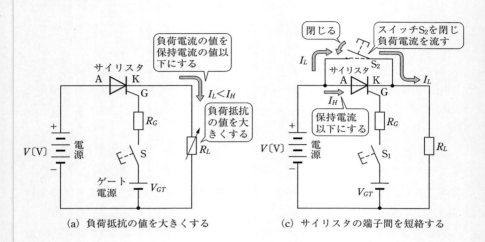

(a) 負荷抵抗の値を大きくする　　　　　(c) サイリスタの端子間を短絡する

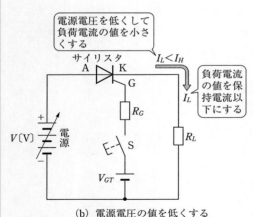

(b) 電源電圧の値を低くする

図4-34　サイリスタのターンオフ回路

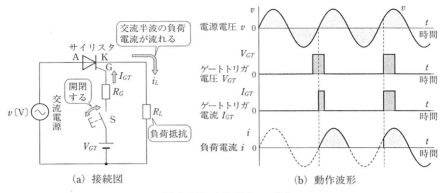

(a) 接続図   (b) 動作波形

図4-35 交流回路での動作

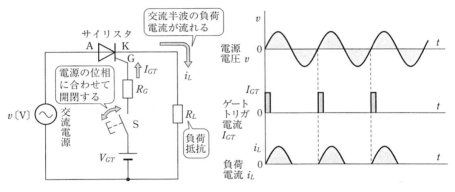

(a) 位相制御回路   (b) 電源電圧と同相で制御した場合

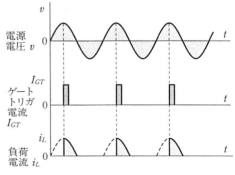

(c) 電源電圧と位相差が90°で制御した場合

図4-36 サイリスタの位相制御

2　GTOサイリスタ

GTOサイリスタ（gate turn off thyristor）は，これまで述べてきた逆阻止3端子サイリスタとは異なり，ゲートトリガ電流によりサイリスタをターンオフさせることができる．逆阻止3端子サイリスタを用いた直流回路では，自己保持特性によりサイリスタが一度ターンオンすると，ゲート電流が流れなくてもサイリスタはターンオンの状態を維持する．

サイリスタをターンオフさせるためには，負荷抵抗R_Lの値を大きくしたり，また，サイリスタのアノード端子とカソード端子間を短絡してサイリスタを流れている負荷電流I_Lの値を保持電流I_Hの値以下にする必要がある．したがって，ゲート回路も複雑な回路となっている．しかし，GTOサイリスタではゲートトリガ電流を流すことによりサイリスタをターンオフさせることができる．

GTOサイリスタは，逆阻止3端子サイリスタと同じようにpnpn接合となっている．しかし，GTOサイリスタでは図4-37に示すような構造となっている．GTOサイリスタのゲートに加えるゲート信号用電圧の極性を変えることにより，GTOサイリスタをターンオンさせたり，また，ターンオフさせることができる素子である．

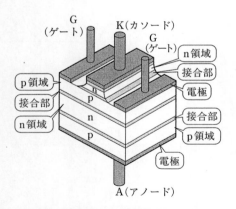
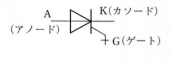

(a) GTOサイリスタの構造の一例　　　　(b) GTOサイリスタの電気用図記号

図4-37　GTOサイリスタ

GTOサイリスタではゲート回路にターンオン用およびターンオフ用のゲートトリガ回路を用いて，ターンオン用およびターンオフ用のゲートトリガ電流I_{GT}を流

すことによりGTOサイリスタを制御することができる. 直流回路に用いられているGTOサイリスタでは, GTOサイリスタをターンオンさせるために図4-38に示すゲートトリガ回路が用いられている. この回路によりGTOサイリスタのゲート回路にターンオン用のゲートトリガ電流を流すと, GTOサイリスタはターンオンして負荷電流I_Lが流れる.

しかし, GTOサイリスタは逆阻止3端子サイリスタと同様に, 一度ターンオンするとゲートトリガ電流I_{GT}の値が0となっても, GTOサイリスタは動作を続けて負荷抵抗には負荷電流I_Lが流れ続ける. この直流回路のGTOサイリスタをターンオフさせるには, 図4-38に示したようにゲートトリガ回路の, ゲート電圧の極性を反対にして逆方向のゲートトリガ電流I_{GT}を流すと, GTOサイリスタをターンオフさせることができる.

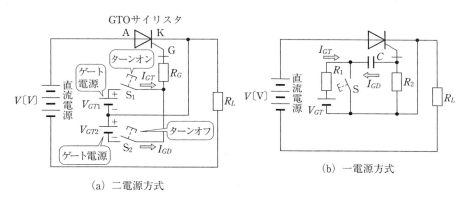

（a）二電源方式

（b）一電源方式

図4-38 GTOサイリスタのゲート回路の一例

このようにGTOサイリスタをターンオフさせるためにGTOサイリスタのゲート回路に, 負荷電流I_Lとは逆方向にゲート電流を流すことによりGTOサイリスタの負荷電流I_Lの値を保持電流I_Hの値よりも小さな値にしてターンオフさせている.

❸ 3極双方向サイリスタ（TRIAC）

3極双方向サイリスタ（TRIAC）はトライアックとも呼ばれている. これは3つの電極（<u>tri</u>ode）を持っている交流スイッチ（<u>AC</u> switch）というところから, トライアック（TRIAC）という名前が付けられている. このようにトライアックはサイリ

スタの一種で, 商用周波数の電源回路に使用されている電気製品の電力制御に欠かすことができない素子である.

　トライアックは図4-39に示すように逆阻止3端子サイリスタ2個を逆並列に接続したものと同じ動作をする. しかし, ゲート端子が1つのためにゲート回路は1つしかない. したがって, ゲート制御回路も1つですむ利点もある. トライアックは図4-40に示すような構造となっている. 図4-40で示したようにトライアックには2つの逆阻止3端子サイリスタが組み合わされた構造となっている.

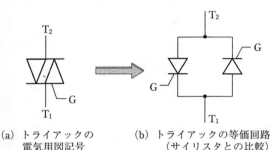

　　（a）トライアックの　　　　　（b）トライアックの等価回路
　　　　電気用図記号　　　　　　　　　（サイリスタとの比較）

図4-39　トライアックの図記号と等価回路

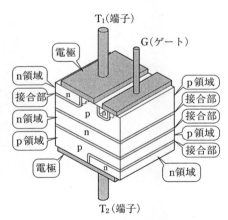

図4-40　トライアックの構造の一例

　したがって, トライアックはT_2端子をアノード（A）端子とし, T_1端子をカソード（K）端子としたpnpn構造のサイリスタと, T_1端子をアノード（A）端子とし, T_2端子をカソード（K）端子としたpnpn構造の2つのサイリスタに置き換えることができる.

　しかし，トライアックの端子は逆阻止3端子サイリスタのアノード端子およびカソード端子とは異なりT₁端子およびT₂端子と呼ばれている．これは，トライアックの主電極端子がアノードにもカソードにもなるためである．

　トライアックを用いた回路を考える場合には，ゲート回路も一緒に考慮する必要がある．トライアックをゲート信号で制御するにはゲート端子GとT₁端子間に正および負のトリガゲート電流が流れるように接続する．したがって，トライアックの各端子の記号を間違えないように回路を接続する必要がある．

　トライアックのトリガ回路には図4-41に示すような回路がある．トリガ回路は図4-41に示したように4回路ある．しかし，一般によく使用されている回路はモードⅠとモードⅢの回路である．したがって，交流回路で使用する場合にはモードⅠとモードⅢとを組み合わせた図4-42に示す回路が使用されている．

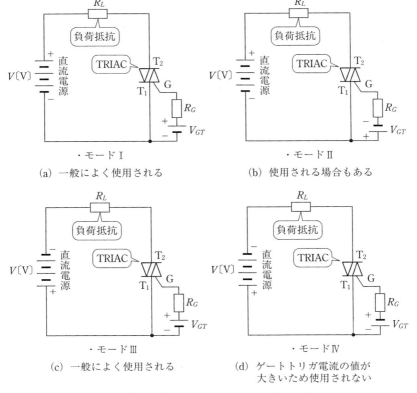

(a) 一般によく使用される　・モードⅠ

(b) 使用される場合もある　・モードⅡ

(c) 一般によく使用される　・モードⅢ

(d) ゲートトリガ電流の値が大きいため使用されない　・モードⅣ

図4-41　トライアックのトリガモード

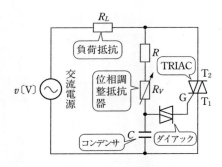

図4-42　トライアックによる位相制御

　トライアックの転流特性とは誘導電動機や変圧器等の誘導性負荷を制御する場合の制御能力を規定しているものである．負荷が誘導性負荷の場合には電圧波形と電流波形との間に位相の差があるために，ゲートトリガ電流を流さなくてもトライアックがターンオンしてしまうといった現象が生じる．このような現象が生じたら図4-43に示すように，トライアックの主端子T_1およびT_2間に並列にコンデンサCと抵抗Rとを直列に接続したCR回路（スナバ回路）を接続して使用することにより，トライアックの転流の失敗を防ぐことができる．したがって，負荷が誘導性負荷の場合には必ずスナバ回路を用いて安定した制御が行えるようにする．

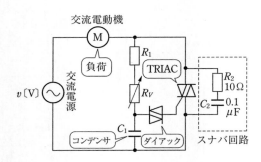

図4-43　スナバ回路

第 4 章　練習問題

4・1　シリコンの結晶に溶かし込む不純物にリン (P) を溶かし込むと, 不純物半導体は p 形か n 形かどちらの半導体となるか.

4・2　pn接合にはどのような作用があるか.

4・3　ダイオードには整流や検波に使用するダイオードのほかに, どのような種類のダイオードが作られているか.

4・4　発光ダイオードはどのような特徴を有しているか.

4・5　サイリスタは電力の制御等に多く使用されている. サイリスタにはどのような種類のサイリスタがあるか.

4・6　直流回路で使用される逆阻止3端子サイリスタをターンオフさせるには, どのような方法があるか.

4・7　ゲートターンオフ (GTO) サイリスタの特徴を述べよ.

4・8　3極双方向サイリスタ (TRIAC) は, どのような特徴を有しているか.

トランジスタ

　トランジスタ（transistor）は，電気信号の増幅やスイッチングなどを行うことができる3端子の半導体素子である．トランジスタは増幅やスイッチング作用などの機能を生かし電子回路に多く使用されている．また，トランジスタの製造技術は後に開発された IC や LSI の基本となっている．第5章ではトランジスタ，電界効果トランジスタ，MOS 電界効果トランジスタおよび IC の基礎について述べる．

5.1　トランジスタ

　トランジスタには**図5-1**に示すようにダイオードにもう1つの半導体を追加して作った半導体素子である．トランジスタは半導体の構成により図5-1（a）に示したように，2つの n 形半導体の間に p 形半導体領域をもつように作られた半導体素子である．

　この半導体素子は電子と正孔の両極性の電荷がキャリアとして動作するため，これを npn 形バイポーラトランジスタ（npn–type bipolar transistor）と呼んでいる．また，図 5-1（b）に示したように 2 つの p 形半導体の間に n 形半導体領域をもつ半導体素子を pnp 形バイポーラトランジスタと呼んでいる．

　このようにトランジスタは図 5-1 に示したように 3 つの半導体領域により構成されている．まず，トランジスタの両端の半導体領域の一方を**エミッタ**（emitter）E，他方を**コレクタ**（collector）C と呼び，中間の半導体領域を**ベース**（base）B と呼んでいる．

　npn 形トランジスタの構造は，**図5-2**に示すように両側に n 形半導体の領域があり，この中間に p 形半導体の領域がある．いま，npn 形トランジスタのベース（B）

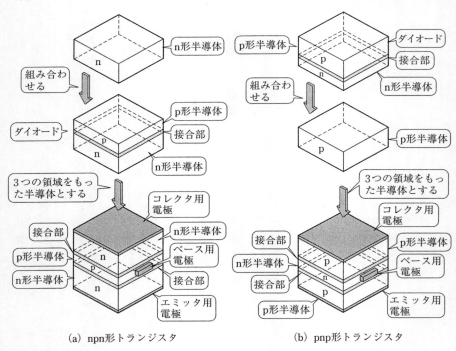

(a) npn形トランジスタ　　　　　　　　(b) pnp形トランジスタ

図 5-1　トランジスタの構造の一例

とエミッタ (E) 間に直流電源 V_{BB} を接続し，ベース (B)−エミッタ (E) 間に順方向
電圧 V_{BE} を加える．

　トランジスタのベース−エミッタ間は pn 接合のダイオードと同じ動作となり，
ベース−エミッタ間に加えられたベース電圧 V_{BE} により，エミッタ (n 形) の電子は
ベース (p 形) に向かって移動する．したがって，ベース−エミッタ間にはベース電
流 I_B が流れる．

　さらに，図 5-2 (c) に示したように，コレクタとエミッタとの間に直流電源 V_{CC}
を接続してコレクタ−エミッタ間に電圧 V_{CE}（コレクタ電圧）を加えると，エミッタ
からの大部分の電子はベース領域を通過する．通過した電子はコレクタ領域の電
子と共に直流電源に移動する．したがって，トランジスタのコレクタ−エミッタ間
には直流電源 V_{CC} より供給された電流，コレクタ電流 I_C が連続して流れる．

　また，ベースに加えている直流電源（V_{BB}）を取り除くと，ベース電流 I_B は流れな

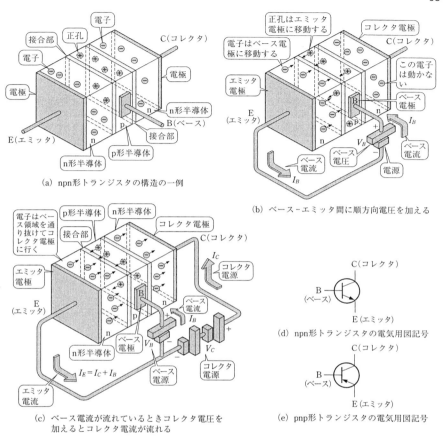

(a) npn形トランジスタの構造の一例

(b) ベース-エミッタ間に順方向電圧を加える

(c) ベース電流が流れているときコレクタ電圧を
加えるとコレクタ電流が流れる

(d) npn形トランジスタの電気用図記号

(e) pnp形トランジスタの電気用図記号

図 5-2　npn 形トランジスタ

くなる．ベース電流 I_B が流れなくなると，これに伴いコレクタ電流 I_C も流れなく
なる．このようにベース電圧 V_{BE} をトランジスタのベースに加えると，ベース電圧
V_{BE} はエミッター-ベース接合（pn接合）に対して順方向電圧である．したがって，エ
ミッタ領域の多数キャリアである電子はベース側の正電圧 V_{BE} に引かれて次々に
ベース領域に入る．

　ベース領域に入ったこれらの電子は，その一部の電子がベース領域の多数キャリ
アである正孔と結合して中和され消滅する．しかし，ベース層はきわめて幅が狭
く，また，不純物濃度が低くしてあるためエミッタから進入してきた電子のうち正
孔と結合でき中和される電子はその数がきわめて少なく，ベースに進入した電子の

95 〜 99.5 % 程度の電子は，次々とコレクタ側に押しやられてベース–コレクタ接合面に達する．

コレクタ領域の多数キャリアである電子は，コレクタ–エミッタ間に加えられているコレクタ–エミッタ間電圧 V_{CE} により引かれており，ベースからコレクタの接合面に押しやられている電子は，コレクタ領域の電子と共にコレクタ電圧 V_{CE} により引かれて移動する．

一方，この状態でトランジスタ内では，キャリアの移動に伴い各領域内では正孔や電子が不足する．しかし，不足したキャリアである正孔や電子は，それぞれの直流電源 V_{BB} および V_{CC} より補給される．その結果，トランジスタの各電極にはエミッタ電流 I_E，ベース電流 I_B およびコレクタ電流 I_C が連続して流れる．これらの電流の間に次のような関係がある．

$$I_E = I_B + I_C \tag{5-1}$$

式 (5–1) でベース電流 I_B の値は，エミッタ電流の 0.5 〜数 % 程度であるため，$I_E \fallingdotseq I_C$ と考えて用いることが多いようである．

トランジスタには**表5–1**に示すような電気的特性が定められている．トランジスタには npn 形トランジスタと pnp 形トランジスタとがある．ここでは npn 形トランジスタの動作について述べて行く．

表5–1　トランジスタの電気的特性 (JIS C 7032 より抜粋)

(a) 絶対最大定格（規定がない限り $T_a = 25$℃ とする）

	区分[2]	項　目	記　号	条　件	最大定格値	単位
許容温度	※	保存温度	T_{stg}		− ____ 〜 + ____	℃
	※	接合温度	T_j		+ _____	℃
電　圧	※	コレクタ・ベース電圧	V_{CBO}			V
	2.5	エミッタ・ベース電圧	V_{EBO}			V
	※	コレクタ・エミッタ電圧	$V_{CE\_}$	$R_{BE} =$ __ Ω		V
電　流	※	コレクタ電流	I_C			A
		エミッタ電流	I_E			A
		ベース電流	I_B			A
許容損失	※	全損失，コレクタ損失	P_{tot}, P_C	T____$= 25$℃　測定方法 [1] [3]　1. 単体，基板実装　2. その他		W

(b) 電気的特性（規定がない限り $T_a = 25$℃とする）

	区分[2]	項　目	記　号	条　件	最小値	標準値	最大値	単位
静特性		コレクタ・ベース降伏電圧	$V_{(BR)CB\_}$	$I_C = \_\_A$	___			V
		コレクタ・ベース降伏電圧	$V_{(BR)EBO}$	$I_E = \_\_A,\ I_C = 0$	___			V
		コレクタ・エミッタ降伏電圧	$V_{(BR)CB\_}$	$I_C = \_\_A,\ R_{BE} = \_\_\Omega$	___			V
		コレクタ遮断電流	I_{CBO}	$V_{CB} = \_\_V,\ I_E = 0$			___	A
	2.5	エミッタ遮断電流	I_{EBO}	$V_{EB} = \_\_V,\ I_C = 0$			___	A
		コレクタ遮断電流	$I_{CE\_}$	$V_{CE} = \_\_V, R_{BE} = \_\_\Omega$			___	A
低周波小信号特性	3.	閉路小信号入力インピーダンス	$h_{i\_\_\_\_}$	$V_C\_ = \_\_V, I\_ = \_\_A,$ $f = \_\_Hz$		___		Ω
	3.	開路小信号逆電圧増幅率	$h_{r\_\_\_}$			___		
		閉路小信号順電流増幅率	$h_{f\_\_}$			___		
	3.	開路小信号出力アドミタンス	$h_{o\_\_\_\_}$			___		S
直流特性[4]		ベース・エミッタ電圧	V_{BE}	$V_{CE} = \_\_V, I\_ = \_\_A$				V
		直流電流増幅率	h_{FE}	$V_{CE} = \_\_V, I_C = \_\_A$				
	2.5	コレクタ・エミッタ飽和電圧	$V_{CE(sat)}$	$I_C = \_\_A,\ I_B = \_\_A$			___	V
	2.5	ベース・エミッタ飽和電圧	$V_{BE(sat)}$				___	V
高周波特性	1.6	遮断周波数又は f_T 若しくは閉路小信号順電流増幅率	$f_{\_\_\_\_}$	$V_C\_ = \_\_V, I\_ = \_\_A$				Hz
			$\|h_{f\_}\|$	$V_C\_ = \_\_V, I\_ = \_\_A,$ $f = \_\_Hz$		___		
	1.6	コレクタ出力容量	C_{ob}	$V_C\_ = \_\_V, I\_ = \_\_A,$ $f = \_\_Hz$		___		F
	1.6	ベース抵抗又は $R_e(h_{ie})$ 若しくは $C_c r'_b$	$r_{\_\_\_\_}$	$V_C\_ = \_\_V, I\_ = \_\_A,$ $f = \_\_Hz$				Ω
			$R_e(h_{ie})$					Ω
			$C_c r'_b$					s
雑音特性	3.6	___周波雑音指数又は入力換算雑音電圧	F	$V_C\_ = \_\_V, I\_ = \_\_A,$ $f = \_\_Hz\ \Delta f = \_\_Hz$		___		dB
			e_n	$R_G = \_\_\Omega$			___	$V/\sqrt{Hz}$
動作特性		増幅電力利得又は出力電力	$G_{P\_\_\_\_}$	$V_C\_ = \_\_V,$ $I\_ = \_\_A,$ (又は $P_i = \_\_W$)		___		dB
			P_o	$f = \_\_Hz$　付図_		___		W
		交換電力利得	$G_{c\_\_\_\_}$	$V_C\_ = \_\_V, I\_ = \_\_A,$ $f_G = \_\_Hz,\ f_{if} = \_\_Hz$ $V_{loc}^{(5)}\_ = \_\_V,$ 付図_		___		dB
		発振電圧	V_{osc}	$V_C\_ = \_\_V, I\_ = \_\_A,$ $f = \_\_Hz,$　付図_		___		V

電気的特性（規定がない限りT_a＝25℃とする）（続き）

区分⁽²⁾		項　目	記　号	条　件	最小値	標準値	最大値	単位
パルス特性		遅延時間	t_d	付図_____				s
	2.5	上昇時間又はターンオン時間	t_r	付図_____			_____	s
			t_{on}	付図_____			_____	s
	2.5	蓄積時間	t_s	付図_____			_____	s
	2.5	下降時間又はターンオフ時間	t_f	付図_____			_____	s
			t_{off}	付図_____			_____	s

注：　(1)　不要の文字を消す
　　　(2)　区分は必須又は任意を示し，※印は用途によらず必須，数字は当該用語の場合だけ必須とする．
　　　(3)　T_-＝25℃のアンダーライン上にaを記入した場合だけ明記する．
　　　(4)　パルス測定とする．
　　　(5)　周波数変換の場合は，V_{loc}は記入しなくてもよい．

　npn形トランジスタを用いた増幅器の基本回路を図5-3に示す．図5-3に示した基本回路で，トランジスタのコレクタ-エミッタ間電圧V_{CE}またはベース-エミッタ間電圧V_{BE}のいずれか1つの電圧または電流の値を変化させると，トランジスタの各領域を流れる電流の値も変化する．

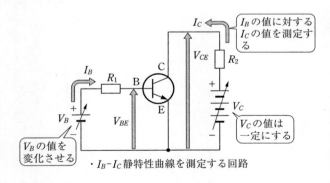

図5-3　npn形トランジスタ回路

　例えば，コレクタ電圧V_{CE}の値を一定に保ちながら，ベース電圧V_{BE}の値を変化させてベースに流れるベース電流I_Bの値を変化させると，コレクタ電流I_Cおよびエミッタ電流I_Eの値が共に変化する．この場合，ベース電流I_Bの変化に対するコレクタ電流I_Cの値の変化を示す特性を，I_B-I_C静特性曲線と呼んでいる．図5-4にトランジスタのI_B-I_C曲線の一例を示す．

　I_B-I_C静特性曲線を用いてベース電流I_Bの変化分に対するコレクタ電流I_Cの変化分の割合を調べてみる．まず，図5-4に示したI_B-I_C静特性曲線の直線部の中心

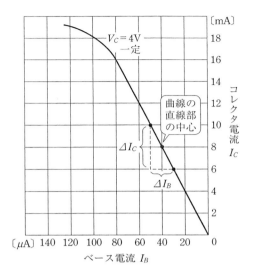

図 5-4　npn 形トランジスタの I_B-I_C 曲線の一例

を調べてみると, ベース電流 I_B の値が 40 μA のときに直線部の中心となる. この中心であるベース電流 I_B の値が ΔI_B だけ変化したとき, コレクタ電流 I_C の変化量 ΔI_C との比を計算してみると,

$$\frac{\Delta I_C}{\Delta I_B} = \frac{10-6 \text{〔mA〕}}{50-30 \text{〔μA〕}} = \frac{4 \times 10^{-3} \text{〔A〕}}{20 \times 10^{-6} \text{〔A〕}} = 200 \text{ 倍} \tag{5-2}$$

となる.

　したがって, ベース電流 I_B のわずかな変化によって, コレクタ電流 I_C の値が大きく変化する. この場合, 式 (5-3) に示す β または h_{FE} をトランジスタの**電流増幅度**といい, トランジスタの特性を表している.

$$\frac{\Delta I_C}{\Delta I_B} = h_{FE} = \beta \tag{5-3}$$

これに対して, ベース電流 I_B と, コレクタ電流 I_C との比,

$$\frac{I_C}{I_B} = h_{FE} \tag{5-4}$$

を**直流増幅率**と呼び, トランジスタに加える電圧や電流の計算などを行う際に用いられている.

また，図 5-5 に示す特性曲線は，各ベース電流 I_B の値に対して，コレクタ電流 I_C の値がどのような関係になっているかを示す特性曲線で，これを V_{CE}-I_C 静特性曲線または出力特性曲線と呼んでいる．この出力特性曲線を見るとベース電流 I_B の値が一定であれば，コレクタ電圧 V_{CE} の値を変化させても，コレクタ電流 I_C の値はほとんど変化しないことがわかる．これらの特性については pnp 形トランジスタでも同じ特性となる．ただ，ベースおよびコレクタに加える電圧の極性が逆となっている．

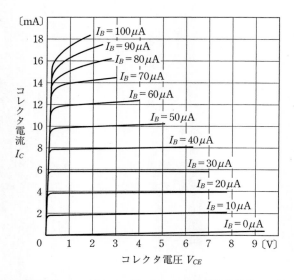

図 5-5 npn 形トランジスタの V_{CE}-I_C 静特性曲線の一例

5.2 電界効果トランジスタ

これまで述べてきたトランジスタは，トランジスタのベースに電圧を加えてベース電流 I_B を流す．このベースに流れているベース電流 I_B の値を変化させ，ベース電流の変化をコレクタ電流 I_C の変化として取り出している．一方，電界効果トランジスタは，ゲートに加えられているゲート電圧 V_{GS} の値の変化を，ドレイン電流 I_D の変化として取り出して用いている．

電界効果トランジスタ（field effect transistor：FET）は，図 5-6 に示すように n 形半導体または p 形半導体の単結晶の両端に電極が設けられ，この n 形半導体お

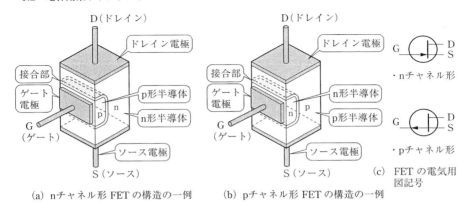

(a) nチャネル形 FET の構造の一例　　(b) pチャネル形 FET の構造の一例　　(c) FET の電気用図記号

図 5-6　電界効果トランジスタ

および p 形半導体の表面に pn 接合をもった構造となっている．電界効果トランジスタは，図 5-6 に示した半導体素子から 3 つの端子が出されている．

このn形またはp形の半導体の両端に設けられた電極を，**ソース**（source）S および**ドレイン**（drain）D と呼び，半導体の中間の表面に設けられた電極を**ゲート**（gate）G と呼んでいる．ソース（S）およびドレイン（D）はまったく対称に設けられており，電界効果トランジスタを使用する状態によりソースまたはドレインのどちらかの電極に定まる．

図 5-6 (a) に示した電界効果トランジスタで，n 形半導体を使用しているものをnチャネル接合形電界効果トランジスタと呼び，p 形半導体を使用しているものを p チャネル接合形電界効果トランジスタと呼んでいる．

いま，n チャネル接合形電界効果トランジスタを，図 5-7 に示すように直流電源 V_{DS} および V_{GS} を接続した場合の動作について説明する．この電界効果トランジスタには n 形半導体が使用されている．したがって，電子はソース（S）からドレイン（D）に向かって移動する．また，電流はドレイン（D）からソース（S）に向かって流れる．

このとき，この電界効果トランジスタは n チャネル接合形であるから，pn 接合がゲート（G）のところにあり，そこに空乏層が生じている．この pn 接合部には逆方向の電圧が加わっている．したがって，pn 接合部には逆方向に電圧が加わっているために空乏層は広がっている．

空乏層が広がると空乏層領域には電子が入り込めないために，n形半導体内の電

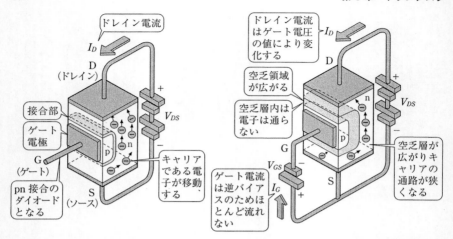

(a) ドレイン-ソース間に電圧を加えた場合　　　(b) ゲート回路に負の電圧を加えた場合

図 5-7　n チャネル電界効果トランジスタの動作

子が流れる通路（チャネル）の幅は狭くなっている．したがって，ソースから移動
する電子はチャネルの幅が狭くなったために通りにくくなり電子の量は減少する．
この空乏層領域の大きさはゲートとソース間に加わる直流電圧 V_{GS} の値によって
変化する．

　いま，図 5-8 に示すようにゲート-ソース間の電圧 V_{GS} と直列に交流電圧 v_i を

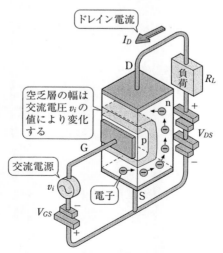

図 5-8　n チャネル接合形 FET の交流増幅回路

加えると，空乏層の領域はゲート-ソース間の電圧 V_{GS} の値を一定とすると，空乏層は交流電圧 v_i の値に従ってその領域の大きさが変化する．したがって，空乏層領域の大きさの変化に伴ってチャネルの抵抗値も変化する．

チャネルの抵抗値が変化するとドレイン電流 I_D の値も変化する．そこで，電界効果トランジスタのドレイン側に負荷抵抗 R_L を接続すると，負荷抵抗 R_L の両端からはドレイン電流 I_D の変化に応じた交流電圧 v_o を取り出すことができる．

一方，p チャネル接合形電界効果トランジスタでは，図 5-9 に示すように正孔の移動により電流が流れる．このように n チャネル接合形電界効果トランジスタの電子の移動によるものとは異なっている．しかし，その動作はまったく同じ原理により p チャネル接合形電界効果トランジスタは動作する．

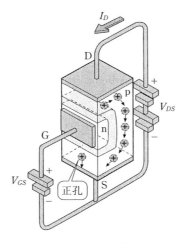

図 5-9 p チャネル接合形 FET

このように接合形電界効果トランジスタは，pn 接合部に逆方向となるように電圧を加えてドレイン電流 I_D の流れを制御している．この電界効果トランジスタの動作のことを**デプレション形**（depletion type）と呼んでいる．

接合形電界効果トランジスタの動作で，I_D-V_{DS} 特性（ドレイン電流-ドレイン・ソース間電圧特性）は，図 5-10 に示すような特性となる．接合形電界効果トランジスタの入力抵抗の値は，電界効果トランジスタを増幅器として使用する場合，入力電圧 V_i をゲートとソース間に加える．

これは pn 接合の逆方向に電圧が加わる．したがって，トランジスタのベース-

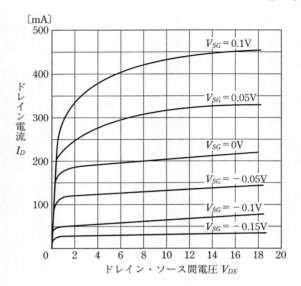

図 5-10　ドレイン電流−ドレイン・ソース間電圧特性の一例

エミッタ間の pn 接合に順方向に電圧を加えるのとは異なり，ゲートに流れるゲート電流 I_G の値は非常に小さな値となる．したがって，ゲートの入力抵抗の値は大きな値となる．

　また，入力電圧が交流電圧 v_i の場合には，電界効果トランジスタの pn 接合部の容量分が入力インピーダンスの大部分を占める．しかし，pn 接合部の接合容量の値は小さいため，入力インピーダンスの値は非常に大きく $10^{10} \sim 10^{12}$ Ω程度の値となる．

　接合形電界効果トランジスタの I_D-V_{DS}（ドレイン電流−ドレイン・ソース間電圧）の特性曲線は，図 5-10 に示したように，ドレイン−ソース間電圧 V_{DS} の値が小さいときには，直流抵抗特性のように直線的に変化する．ドレイン電流 I_D の値が大きくなると，電界効果トランジスタのドレイン−ソース間の抵抗は数百Ω程度の値となる．また，ドレイン電流がほとんど流れない場合には数MΩ以上の値となる．したがって，電界効果トランジスタを半導体スイッチとして使用することができる．

　トランジスタの接合部の温度が上昇してくると，エミッタ−ベース間およびベース−コレクタ間の pn 接合部に流れる電流の値は増加してくる．このため接合部の

温度はさらに上昇するといった悪循環を繰り返す. しかし, 電界効果トランジスタ
ではチャネルの抵抗値は温度が上昇すると抵抗の値は大きくなる. また, 空乏層の
厚さは逆に小さくなる. したがって, 両者のつり合う点では, 温度によるドレイン
電流 I_D の値の変化は生じない.

　一般に, 電界効果トランジスタでは, 大きな値のドレイン電流 I_D のときには
チャネルの温度による抵抗値の増加は, ドレイン電流 I_D の値を減少させる方向に
働く. また, ドレイン電流 I_D の値が小さい場合には, 空乏層の厚さの変化による
効果が大きい. したがって, ドレイン電流 I_D の値は温度上昇とともに増加する.

　また, 電界効果トランジスタは, トランジスタに比べて発生する雑音は小さく,
特に, 1MHz 以下では非常に小さな値となっている. このように電界効果トランジ
スタの特徴は, 入力インピーダンスの値が大きく, ドレイン-ソース間電圧 V_{DS} の
値が小さいときの, I_D-V_{DS} 間電圧特性は, 直流抵抗のように直線的に変化してオフ
セット電圧も生じない.

　また, ドレイン電流 I_D の値が大きいときに温度が上昇しても, 電界効果トラン
ジスタの特性は, ドレイン電流 I_D の値を減少させる方向に働き, 熱暴走を生じさ
せない.

 ## 5.3　MOS形電界効果トランジスタ

　MOS 形電界効果トランジスタ (MOS FET) とは, 金属 (metal), 酸化物 (oxide),
半導体 (semiconductor) の頭文字をとって名付けられたものである. MOS FET の
構造は, 図 5-11 に示すように Si の結晶の表面を 1 000 ℃ 以上の高温で酸化し, 二
酸化シリコン (SiO_2) 膜を半導体の表面に薄く (0.000 2 mm 以下) を作り, この二
酸化シリコン膜の上に電極 (ゲート G) を設けて作られたものである.

　二酸化シリコン膜と接しているシリコンの結晶は, 二酸化シリコン膜と接してい
る箇所からわずかな厚さだけもとの結晶とは逆の半導体となる. もし, 半導体の結
晶が n 形であれば p 形に, p 形であれば n 形の半導体となる.

　このように逆となった層を反転層 (inversion layer) と呼んでいる. 反転層中の
電子あるいは正孔の数は, 二酸化シリコン膜上の電極 (ゲート G) に加えられる電
圧の値によって増減する. これはゲートに加えられる電圧の値によって反転層の
抵抗の値が変化することである.

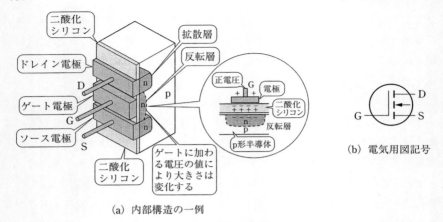

(a) 内部構造の一例

(b) 電気用図記号

図 5-11　n チャネル MOS FET

　したがって，図 5-11 に示したように p 形のシリコンの結晶を用い，反転層の両端の n 形の拡散層にソース (S) 極およびドレイン (D) 極を設け，この電極間に電圧を加えてドレイン電流 I_D を流す．ドレイン電流 I_D を流した状態で二酸化シリコン膜上に設けられている電極，ゲート G に加えられている電圧の値を変化させると，ゲートに加わる電圧の値の変化に伴いソース–ドレイン間に流れているドレイン電流 I_D の値も変化する．

　この動作は FET の動作そのものである．図 5—11 に示した形の FET を MOS FET と呼び．そのチャネルは n 形反転層なので，n チャネル MOS FET と呼んでいる．反転層内の電子あるいは正孔の数が多数あるとき，ゲートに負あるいは正の電圧を加えると，電子または正孔の数が減少する．したがって，ゲート–ソース間電圧 V_{GS} の値によってドレイン電流 I_D が減少する．このような動作をさせるものをデプレション形と呼んでいる．

　逆に，図 5-12 に示すように，n 形の Si の基板上にソース (S) とドレイン (D) の電極を設けて，p 形拡散層を形成した p チャネル MOS FET は，ゲート電圧が 0 のときにはチャネルが形成されない．したがって，反転層内の電子あるいは正孔の数が少なく，ソース–ドレイン間に流れるドレイン電流 I_D の値は小さい．そこでゲートに正あるいは負の電圧を加えて，反転層内の電子または正孔の数を増加させて，ソース–ドレイン間を流れるドレイン電流 I_D の値を大きくする．このような動作をさせる p チャネル MOS FET をエンハンスメント形 (enhancement type) と呼んでいる．

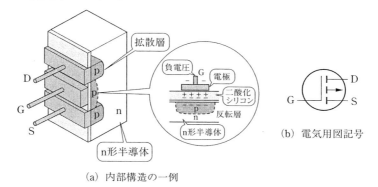

（a）内部構造の一例

（b）電気用図記号

図 5-12 p チャネル MOS FET

MOS FET の電気的特性は接合形 FET と同じ特性を示す．また，動作も FET と同じ動作となる．しかし，接合形 FET とは異なる点を示すと，まず，MOS FET の入力インピーダンスの値は接合形 FET とは異なる．これはソースとゲートの間に二酸化シリコンなどの絶縁膜が挿入されているためである．

この絶縁膜により接合形 FET の入力抵抗の値が $10^{10} \sim 10^{12}\,\Omega$ であるのに比べて MOS FET の入力抵抗の値は $10^{14} \sim 10^{16}\,\Omega$ と大きな値となっている．このように MOS FET の入力インピーダンスの値は非常に大きな値となっている．

接合形 FET では，ゲートとソース間には逆方向の電圧を加えて使用している．しかし，MOS FET ではゲートとソース間に順方向電圧を加えても，二酸化シリコンなどによる絶縁膜があるため，ゲート回路に順方向電流を流さずに FET としての動作を行わせることが可能である．

したがって，ゲートに順方向電圧を加えてもドレイン電流 I_D を十分に流すことが可能となる．このためスイッチング回路に MOS FET を使用すると，導通時の ON 抵抗の値を小さくすることが可能となる．

このように MOS FET は接合形 FET では得られない特性を持っている．しかし，MOS FET のゲート端子を素手で触ると，人体に充電されている静電気による高電圧がゲート端子に加わり，ゲート端子の絶縁膜を破壊する恐れがある．また，MOS FET を長時間保存する場合には，ゲート端子とソース端子間は必ず短絡させておく必要がある．したがって，必ず導電性のシートに MOS FET の端子を差し込む．また，銀紙やアルミ箔を用いてゲート端子とソース端子とが短絡するようにして保存しなければならない．

5.4　集積回路

　集積回路 (integrated circuit：IC) は，1960 年に数個のトランジスタを 1 つのチップ上に作ったのが集積回路の始まりである．その後，写真技術やエッチング技術など微細加工技術の進歩に伴い，これらの技術を応用した集積回路の製造技術が急速に発達した．

　トランジスタ，ダイオード，抵抗器，コンデンサ等の個別部品を使用し，これらの個別部品をプリント基板上に組み立てた電子回路では小型化，高信頼性は望めない．そこで集積回路により電子回路を 1 つのチップの上に集積して組み立てることにより，小型で，信頼性のある電子回路を組み立てることが可能となった．

　IC (集積回路) は，製造技術の進歩と電子計算機を用いて IC のパターン設計や回路検査に使用することにより，高信頼性を保ち，かつ，集積度を上げ，集積度が 100 万素子にも達する IC が製造されるようになった．IC は，1 つのチップの上に構成される電子回路素子の数によって，次のように呼ばれている．

SSI (小規模集積回路) …………	100 素子 / チップ
MSI (中規模集積回路) ………	100 ～ 1000 素子 / チップ
LSI (大規模集積回路) …………	1000 ～ 10 万素子 / チップ
VLSI (超大規模集積回路) ……	10 万素子以上 / チップ

　IC の形状は非常に小さく 2.5mm × 2.5mm 程度の大きさの半導体チップの上に作られる．したがって，IC を用いることにより装置の小型化，軽量化が進み高密度実装が可能となった．また，高速スイッチング回路や高周波回路の製作も可能となり，消費電力も低消費電力化が図られている．さらに同一チップ上に回路が作られているため，温度平衡の良い高安定度の回路を作ることが可能となった．

　IC は量産化に適した製品であるため，IC のコストも低コスト化を図ることが可能となった．また，IC は数百～数万個の素子から構成されていても信頼度は 1 つの素子として扱える．したがって，装置全体の信頼度を高めることが可能となった．

　また，電子計算機をいち早く IC 化することにより，従来からの個別部品を組み合わせて作られた電子計算機では考えられなかったほどの小型化が実現され，さらに高信頼化を図ることが可能となった．IC の欠点としては，高電圧，大電流，大電

力の回路には適さず，また，一品種の開発には多額の費用を要することである．

ICをその構造で分類すると，**表5-2**に示すようになる．**モノリシックIC**(monolithic IC)のモノリシックとは1個の半導体チップで作られたという意味の英語の形容詞である．モノリシック IC は，2.88 mm × 2.55 mm 角で，厚さが 0.3 mm 程度のシリコンの単結晶の中に回路を作ったものである．現在，ICといえば大部分の IC はモノリシック IC のことを示している．

表 5-2　IC の構造による分類

モノリシック IC には**バイポーラ形IC** (bipolar IC) と MOS 形 IC とがある．バイポーラ形ICは一般に動作速度が速く，電流の値も比較的大きな値が得られるためディジタル IC とアナログ IC の両方に使用されている．バイポーラ IC は図5-13 に示すような構造となっている．

一方，MOS 形 IC は，動作速度はやや遅いが，消費電力が小さく構造が簡単である．したがって，高密度の IC に適していて，ディジタル回路に使用するメモリ ICなどに使用されている．

また，**ハイブリッド IC** (hybrid IC) は，電子回路をハイブリッド（混成）により組み立てたものである．ハイブリッド IC の構造は，アルミナ板（磁器）などの上に印刷法（厚膜IC）や蒸着法（薄膜IC）などにより電子回路の配線用の導体を作り，配線用導体の上にトランジスタやダイオードのチップを取り付けた IC である．

ハイブリッド IC は，ディジタル回路やアナログ回路のなどのうち，特殊な用途の IC として作られている．ハイブリッド IC をモノリシック IC と比較してみると，まず，種々の最適な電気特性を持つ素子を組み合わせることが可能である．また，スイッチング回路や高電圧，高出力の IC を製作することが容易である．このほかにも，ディジタルおよびアナログの機能を持った IC を 1 つの IC で作ることが可能である．

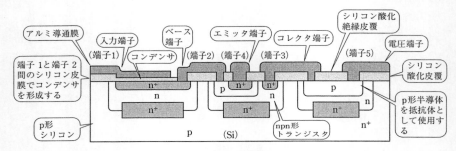

(a) 内部構造図

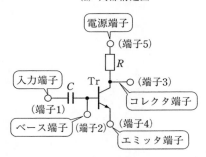

(b) 等価回路

図 5-13　バイポーラ IC

　ハイブリッド IC は，開発する期間が短く，製造個数が少ない際にはモノリシック IC に比べて経済的である．一方，欠点としてはモノリシック IC に比べて集積密度が小さく，製造個数が多いときに製造コストが高くなる．

　IC の外形にはいろいろな形状のものがある．主として使用されているものは，IC チップをプラスチックやセラミックで保護したものである．また，IC をプリント基板に差し込みやすくしたデュアルライン形パッケージ（DIP）のものと，金属ケースでシールしたキャンタイプ（TO-5形パッケージ）のものが製造されている．これらの外形を図 5-14 に示す．

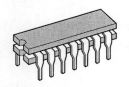

(a) デュアルオンライン形 IC（DIPIC）　　　（b) キャンタイプ形 IC（TO-5形）

図 5-14　IC の外観

第 5 章 練 習 問 題

5・1　トランジスタには, どのような種類のトランジスタがあるか. また, トランジスタの電極の名称は?

5・2　トランジスタは, どのような方法により制御を行っているか.

5・3　トランジスタには電流増幅作用があり, これは直流電流増幅率 h_{FE} で示されている. この直流電流増幅率 h_{FE} の値はどのようにして求められるか.

5・4　コレクタ電圧が 5V のとき, ベース電流が $50\,\mu A$ から $100\,\mu A$ まで変化すると, コレクタ電流は $0.5mA$ から $1mA$ まで変化した. このときの直流電流増幅率 h_{FE} の値はいくらか.

5・5　トランジスタのベース電流 I_B を $50\,\mu A$ 流したら, コレクタ電流 I_C が $5mA$ 流れた. このときトランジスタのエミッタを流れるエミッタ電流 I_E の値はいくらか. また, このトランジスタの小信号電流増幅率 h_{fe} の値はいくらか.

5・6　電界効果トランジスタ (FET) にはどのような種類の FET があるか. また, FET の電極の名称は?

5・7　電界効果トランジスタ (FET) はどのような方法で制御を行っているか.

5・8　IC にはモノリシック IC とハイブリッド IC とがある. それぞれの IC にはどのような特徴があるか.

第**6**章

アナログ電子回路

　電子回路を大きく分類するとアナログ回路とディジタル回路とに分けることができる．アナログ量とは電圧，電流，抵抗，温度，湿度などその値が連続している量をアナログ量といっている．

　また，ディジタル量とはスイッチのON・OFFや1か0のように途中の状態には無関係で，不連続な量を指している．第6章では電圧，電流，抵抗などのアナログ量を取り扱うアナログ電子回路をトランジスタ，電界効果トランジスタ（FET）および演算増幅器（OPアンプ）を用いた増幅回路などの電子回路について述べる．

6.1　トランジスタ増幅回路

　増幅とは振幅の小さなアナログ入力信号の振幅を大きくし，大きくなった信号を出力として得ることを増幅と呼んでいる．この増幅を行う回路を増幅回路といい，増幅回路をもった装置を**増幅器**（amplifier）と呼んでいる．

　増幅器を分類すると取り扱う信号の振幅や取り出す出力電力の大きさおよび増幅する信号の周波数などにより分類することができる．増幅器の入出力信号として振幅の小さな信号電圧や信号電流を取り扱う増幅器を小信号増幅器と呼んでいる．また，劇場のスピーカなどを鳴らしたり小型の電動機などを駆動させるなど大きな電力を取り扱う増幅器を電力増幅器または大信号増幅器と呼んでいる．

　一方，取り扱う信号の周波数によって増幅器を分類すると，図6-1に示すように直流から超高周波数までの広い範囲にわたっている．直流増幅器は図6-1で示したように直流分を含む信号の増幅器である．また，低周波増幅器は，一般に音声周波増幅器とも呼ばれている．これらの増幅器の用途を分類すると次に示すようになる．

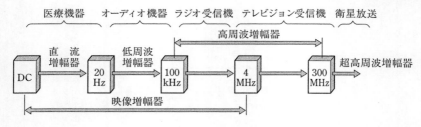

図 6-1　周波数による分類

① 直流増幅器……………… 医療機器や小型の直流電動機の制御など.
② 低周波増幅器…………… 音響機器や超音波センサなど.
③ 映像増幅器……………… ビデオテープレコーダ, DVD など.
④ 高周波増幅器…………… ラジオ受信機, テレビジョン受信機など.
⑤ 超高周波増幅器………… 携帯電話や衛星放送など.

❶　トランジスタによる基本増幅回路

トランジスタを用いて入力信号を増幅する場合, 図 6-2 (a) に示すようにトランジスタのコレクタとベースにそれぞれ V_{CC} および V_{BB} の電圧を加える. いま, 入力信号を ΔV_i とすると, この信号電圧を図 6-2 (b) に示すようにベース電圧 V_{BB} と直列に接続してベースに加える.

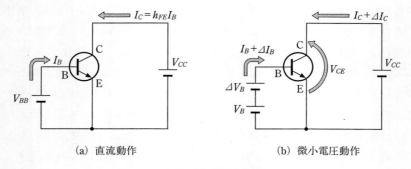

(a) 直流動作　　　　　　　　　　(b) 微小電圧動作

図 6-2　直流電流増幅

図 6-2 (a) に示した回路で, トランジスタの直流電流増幅率 h_{FE} は, コレクタ電流 I_C とベース電流 I_B とにより,

$$h_{FE} = \frac{I_C}{I_B} \qquad\qquad\qquad (6\text{-}1)$$

で表される.

　次に，図6-2 (b) に示すようにコレクタ-エミッタ間電圧 V_{CE} を一定にしてベースに微小電圧 ΔV_B を加えると，ベース電流の値が ΔI_B だけ変化する．ベース電流の値が変化するとコレクタ電流 I_C の値も ΔI_C 変化する．この ΔI_B と I_C との比は，

$$h_{fe} = \frac{\Delta I_C}{\Delta I_B} \qquad\qquad\qquad (6\text{-}2)$$

で表され，h_{fe} は電流の微小変化分に対する増幅率を表したもので，小信号電流増幅率と呼んでいる．

　ベース電流 I_B とコレクタ電流 I_C との関係は図6-3に示すように，一般には直線とはならない．直流電流増幅度 h_{FE} はこの直線上にある1点における I_C と I_B との比を表したものであるが，h_{fe} は I_B のある値における微小変化量 ΔI_B と ΔI_C との比を表している．

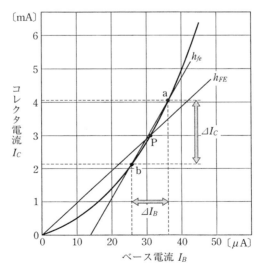

図6-3　ベース電流-コレクタ電流特性

　直流電流増幅率 h_{FE} と，電流の微小変化分に対する電流増幅率である小信号電流増幅率 h_{fe} とは，一般にその値が異なっているため分けて考える．そこで図6-4 (a)

に示す回路は，図6-2 (b) に示した微小電圧 ΔV_B の代わりに微小な振幅の交流電圧 v_i を加えた回路である．

　この回路では交流電圧 v_i の大きさに応じてベース電流 I_B が変化する．したがって，コレクタ電流 I_C も変化する．この場合のトランジスタの各部の波形は図 6-4 (a) に示すような波形となる．

　小信号電流増幅率 h_{fe} は，ベース電流 I_B の微小変化に対するコレクタ電流 I_C の微小変化の割合であるから，式 (6-2) の ΔI_B を i_b に，ΔI_C を i_c として，次のように表すことができる．

$$h_{fe} = \frac{i_c}{i_b} \tag{6-3}$$

したがって，

$$i_c = h_{fe}\, i_b$$

となり，コレクタ電流 i_c は，ベース電流 i_b の h_{fe} 倍となる．いま，図 6-4 (a) に示す回路で，$V_{BB} = 0.5\,\mathrm{V}$，交流入力電圧 v_i が振幅 $50\,\mathrm{mV}$ $(0.05\,\mathrm{V})$ の交流の場合，図 6-4 (b) に示すような波形がトランジスタのベースに加わる．

　トランジスタのベースにベース電圧 V_{BB} と微小な振幅の交流電圧 v_i を加えることにより，図 6-4 (a) に示したように，コレクタには交流分を含んだコレクタ電流 I_C が流れる．

　この交流分を含むコレクタ電流を，図 6-5 (a) に示す回路でコレクタと直列に接続されている抵抗 R_C に流して電圧降下を発生させると，コレクタ電流の変化を電圧の変化として，コレクタとエミッタ間から交流分を含んだ電圧を取り出すことができる．この増幅回路はエミッタを接地しているため，エミッタ接地増幅回路と呼んでいる．

　トランジスタの増幅回路には，エミッタ接地増幅回路のほかに，入力電圧の加え方や出力電圧の取り出し方などにより，図 6-5 (b) に示すベース接地増幅回路と，図 6-5 (c) に示すコレクタ接地増幅回路とがある．これらの 3 接地方式の増幅回路をトランジスタ基本増幅回路と呼んでいる．

　ここでは，エミッタ接地増幅回路の動作原理を考えてみる．まず，図 6-6 (a) に示すエミッタ接地増幅回路のベースに交流入力電圧 v_i を加えない場合，トランジスタには直流の電圧と電流だけが加わっている．このとき，コレクタ電流 I_C による抵抗 R_C の電圧降下を V_{RC} とすれば，トランジスタのコレクタ−エミッタ間電圧 V_{CE} は，

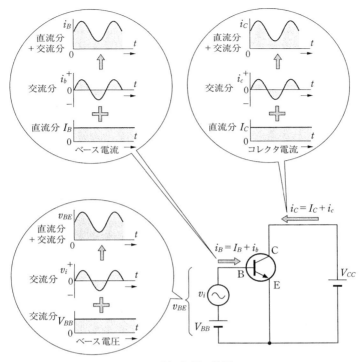

（a）各部の波形

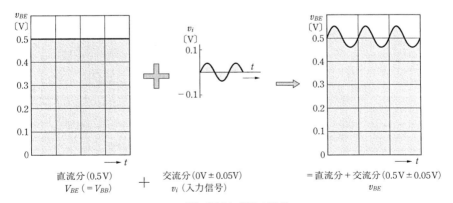

（b）直流と交流の関係

図6-4 交流電流増幅回路

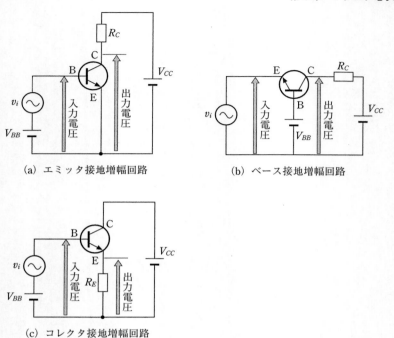

(a) エミッタ接地増幅回路

(b) ベース接地増幅回路

(c) コレクタ接地増幅回路

図 6-5 基本増幅回路

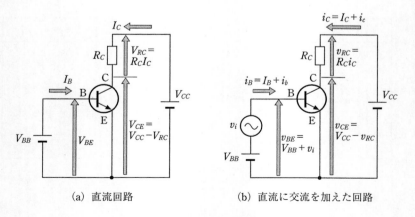

(a) 直流回路

(b) 直流に交流を加えた回路

図 6-6 エミッタ接地増幅回路の動作

$$V_{CE} = V_{CC} - V_{RC} = V_{CC} - R_C I_C \tag{6-4}$$

である.

次に, 図6-5 (b) に示すように, ベースに交流入力電圧 v_i を加えると, ベースには直流分 I_B と交流分 i_b を含んだベース電流 i_B が流れる. したがって, コレクタにも直流分 I_C と交流分 i_c を含んだコレクタ電流 i_C が流れる. このとき, 交流分電流 i_C による抵抗 R_C の電圧降下を v_{RC} とすれば, 交流コレクタ電圧 v_{CE} は,

$$v_{CE} = V_{CC} - v_{RC} = V_{CC} - R_C (I_C + i_c) \tag{6-5}$$

となる.

ここで, コレクタ電圧 v_{CE} は直流分 V_{CE} と交流分 v_{ce} の和と考えられるから, $v_{CE} = V_{CE} + v_{ce}$ として, 式 (6-5) に代入すると,

$$V_{CE} + v_{ce} = V_{CC} - R_C I_C - R_C i_c$$

となる. 式 (6-5) から, $V_{CE} = V_{CC} - R_C I_C$ であるから, 交流分のみでは,

$$v_{ce} = -R_C i_c \tag{6-6}$$

となる.

したがって, v_{ce} を交流の出力電圧 v_o とすれば, v_o の大きさは抵抗 R_C の値を大きくすることにより, ベースに加えられた交流の入力電圧 v_i の値より大きくすることができる. この増幅回路では電流が h_{fe} 倍されるばかりではなく電圧も増幅することができる.

トランジスタ増幅回路は, 図6-7 に示すように各部の波形は, 交流信号を加えない場合の直流の電圧および電流を中心値として, 交流信号が変化していることがわかる. この動作の中心となる直流電圧および電流をトランジスタの**バイアス電圧** (bias voltage) および**バイアス電流** (bias current) と呼んでいる. また, 2つを合わせて単に**バイアス** (bias) と呼ぶこともある.

このバイアスはトランジスタを動作させるために重要な役割を果たしている. バイアスが適正でない場合には, 出力電圧は入力信号の波形とは異なった波形となる場合がある. したがって, トランジスタ増幅回路のバイアスの値は大変重要である.

トランジスタ増幅回路で, 図6-8 に示すようにトランジスタのベースに入力電圧を加えた場合, 各部の電圧および電流の変化を表す特性を**動特性** (dynamic characteristics) と呼んでいる. 図6-8 (a) に示した回路で直流分のみを考えると,

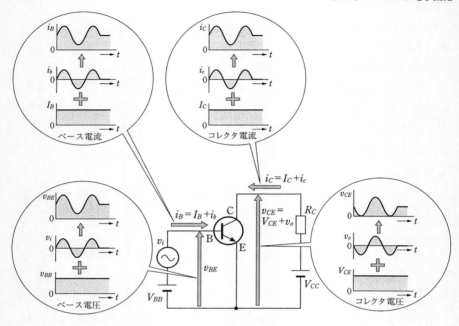

図 6-7　エミッタ接地増幅回路の各部の電圧および電流波形

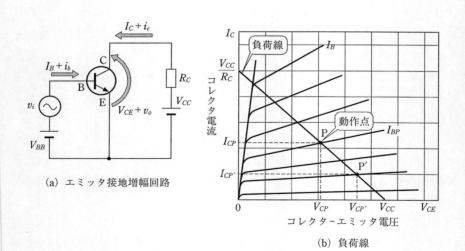

（a）エミッタ接地増幅回路

（b）負荷線

図 6-8　負荷線と動作点

コレクタ電圧 V_{CE} とコレクタ電流 I_C は,

$$V_{CE} = V_{CC} - R_C I_C \tag{6-7}$$

であるから,

$$I_C = \frac{1}{R_C}(V_{CC} - V_{CE}) \tag{6-8}$$

となる.

そこでコレクタ電流 I_C の最大値と最小値はそれぞれ,

① コレクタ電流 I_C の最大値 $= \dfrac{V_{CC}}{R_C}$ ($V_{CE} = 0$ のとき)

② コレクタ電流 I_C の最小値 $= 0$ ($V_{CE} = V_{CC}$ のとき)

であるから,式 (6-8) をトランジスタの V_{CE}-I_C 特性曲線の上に描くと,図 6-8 (b) に示すようになる.この曲線を**負荷線** (load line) と呼ぶ.しかし,この場合は直流分のみを考えているため直流負荷線とも呼んでいる.

図 6-8 (a) に示したように交流入力電圧 v_i を加えると,交流入力電圧 v_i の変化により負荷線上を,トランジスタのコレクタ電圧およびコレクタ電流の値は変化する.入力信号が 0 の場合に加えられている直流電圧および電流の値を示す点 P をトランジスタの**動作点** (operating point) と呼ぶ.動作点 P における電圧 (V_{CP}) をコレクタバイアス電圧と呼び,電流 (I_{CP}) をコレクタバイアス電流と呼んでいる.

交流入力電圧によりコレクタ電流 I_C およびコレクタ-エミッタ間電圧 V_{CE} は,動作点を中心値として変化するから負荷線のほぼ中央に動作点を定めると,出力に大きな振幅の波形を得ることができる.そこで,図 6-9 に示す回路の出力波形は,図 6-8 (b) に示した回路で動作点を負荷線の点 P に定めた場合と,動作点を負荷線の点 P′ に定めた場合の各部の波形である.

図 6-9 (b) で示した波形は点 P が動作点の場合,図 6-9 (c) で示した波形は動作点が P′ の場合の波形の一例である.図 6-9 (c) で示した波形は,コレクタバイアス電流 $I_{CP}{}'$ の値が I_{CP} の約 1/2 であるため,同じ大きさの入力電圧 v_i が加わった場合でも,図 6-9 (c) に示すように出力電圧 v_o の波形はひずんでしまう.

図 6-10 で示す動特性曲線は,図 6-9 に示したエミッタ接地増幅回路において交流入力電圧 v_i の振幅を 10 mV,電源電圧 $V_{CC} = 12$ V,コレクタ抵抗 $R_C = 4$ kΩ とした場合の動特性の一例である.

まず,負荷線は図 6-10 (b) に示す V_{CE}-I_C 特性曲線上の $I_C = V_{CC}/R_C = 3$ mA の点 A と,$V_{CE} = V_{CC} = 12$ V の点 B とを結ぶことによって求められる.動作点 P を負荷線

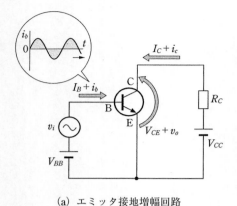

(a) エミッタ接地増幅回路

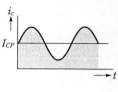

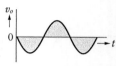

(b) 動作点が適正な場合
　　の波形

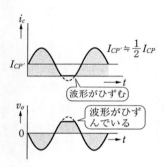

(c) 動作点が不適正な場合
　　の波形

図 6-9　バイアスによる出力波形

ＡＢの中央に選ぶとすれば, 動作点の位置は図 6-10 (b) から V_{CE} = 6 V, I_C = 1.5 mA,
I_B = 15 μA となる. このとき図 6-10 (a) から I_B = 15 μA とするためには, ベー
ス直流バイアス電圧 V_{BB} を 0.6 V とすれば良いことがわかる.

　また, 交流入力電圧 v_i の最大値が 10 mV であると, 図 6-10 (a) からベース電流
は 15 μA を中心にして $\pm$ 5 μA 変化する. したがって, コレクタ電流 I_C は負荷線
上の点 P_1 と点 P_2 との間で $\pm$ 0.5 mA の変化となり, 出力電圧 v_o の最大値は 2 V と
なることがわかる.

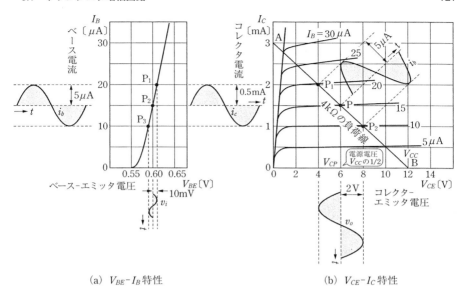

(a) V_{BE}-I_B 特性 　　　　　　(b) V_{CE}-I_C 特性

図 6-10 　動特性の一例

　一般に，増幅回路は図6-11に示すように入力端子が2つと出力端子が2つある四端子回路として表すことができる．このとき出力電圧 v_o と入力電圧 v_i との比の絶対値 $|v_o/v_i|$ を**電圧増幅度**と呼び，これを A_v で表す．また，出力電流 i_o と入力電流 i_i との比の絶対値 $|i_o/i_i|$ を**電流増幅度**と呼び，これを A_i で表す．また，電力の場合は，出力電力 P_o と入力電力 P_i の比 P_o/P_i を**電力増幅度**と呼び，これを A_p で表している．

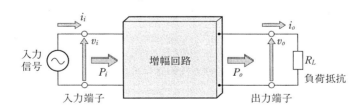

図 6-11 　増幅回路の四端子表示

　増幅回路の出力と入力との比を**増幅度**と呼び, これを常用対数で表したものを**利得**（gain）と呼び, 単位には dB（decibel）が用いられている. また, 増幅回路の電圧, 電流および電力の利得は次に示すように定義されている.

$$
\left.
\begin{aligned}
&① \quad 電圧利得 \quad G_v = 20 \log_{10} A_v \,[\text{dB}] \\
&② \quad 電流利得 \quad G_i = 20 \log_{10} A_i \,[\text{dB}] \\
&③ \quad 電力利得 \quad G_p = 10 \log_{10} A_p \,[\text{dB}]
\end{aligned}
\right\}
\tag{6-9}
$$

　ここで注意することは式(6-9)の①, ②と③では係数が異なっているため係数の値を間違わないように注意する.

　また, 図6-12に示すような多段増幅回路の増幅度と利得は, 各増幅器の増幅度を A_1, A_2, A_3 とした場合, 全体の増幅度 A は,

$$A = A_1 \cdot A_2 \cdot A_3$$

となる.

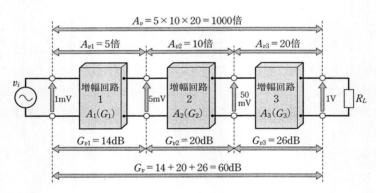

図 6-12　多段増幅回路の増幅度と利得

　このとき, それぞれの増幅回路 1, 2, 3, ……を 1 段目, 2 段目, 3 段目, ……と呼んでいる. いま, A_1, A_2, A_3, ……の各増幅度を G_1, G_2, G_3, ……の利得で表すと, 全体の利得 G は,

$$G = G_1 + G_2 + G_3 + \cdots\cdots \,[\text{dB}]$$

となる.

　このように利得を用いると全体の利得 G は増幅器の各段の利得の和である. したがって, 簡単に増幅回路全体の利得の値を求めることができる.

2 トランジスタのバイアス回路

　トランジスタによる増幅回路ではバイアス回路が増幅回路の動作点を決定する重要な回路である．したがって，ここではバイアス回路の種類，特徴および設計などについて述べる．

　トランジスタは温度に対して大変敏感である．特に増幅器では動作点が図6-13(a)に示すように温度変化により動作点が移動する場合がある．動作点が移動すると，図6-13(b)に示すように出力波形にひずみが生じたり，ときにはトランジスタの温度が上昇し続ける現象で，**熱暴走**(thermal runaway)が生じて最大定格を超えて熱によりトランジスタが破壊される場合がある．

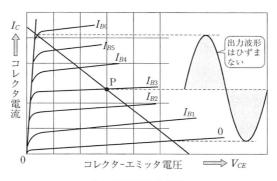

（a）常温の動作状態

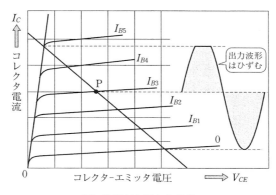

（b）温度が上昇した状態

図 6-13　温度による動作点の移動

　このためバイアス回路は，温度変化によって動作点が移動しないようにできるだけ安定でなければならない．温度変化に対する動作点の移動のしにくさの度合いを**安定度**と呼んでいる．また，動作点が移動しにくい回路を安定度が良い回路といい，動作点が移動しやすい回路を安定度が悪い回路といっている．

　この動作点の変化の要因について調べてみると，まず，トランジスタの特性で温度によって大きく変化するものにベース–エミッタ間電圧 V_{BE} と直流電流増幅率 h_{FE} とがある．ベース–エミッタ間電圧 V_{BE} の温度特性は，図6-14 に示すように温度の上昇に伴って減少する傾向がある．その温度係数は約 $-2\,\mathrm{mV/℃}$ である．したがって，温度が $25\,℃$ 上昇した場合には，ベース–エミッタ間電圧 V_{BE} は約 $50\,\mathrm{mV}$ 減少する．

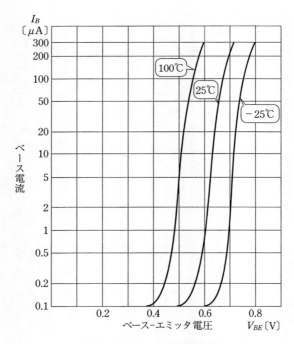

図 6-14　V_{BE}-I_B の温度特性の一例

　また，直流電流増幅率 h_{FE} は，図6-15 に示すように温度とともに増加する傾向がある．トランジスタの動作点の変化は，温度の変化に対してだけではなくトランジスタ自体の個々の特性のばらつきによるものもある．したがって，バイアス回路

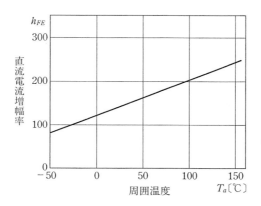

図 6-15 h_{FE} の温度特性の一例

はこれらの特性のばらつきに対しても安定に動作しなければならない．トランジスタの特性のうち，特に直流電流増幅率 h_{FE} はその値のばらつきが大きく同一品種でもその値には 2 倍程度の幅がある．

　バイアスの安定度が悪い回路ではベース-エミッタ間電圧 V_{BE} や直流電流増幅率 h_{FE} の変化によって，動作点が設計値から大きくずれる場合があるため注意が必要である．次に，どのようにすればバイアスを安定化させることができるかについて述べる．

　エミッタ接地増幅回路では，図 6-16 (a) に示すようにベース直流電源 V_{BB} から直接ベースにバイアス電圧を加えている．このバイアス方法ではベース直流電源 V_{BB} とコレクタ直流電源 V_{CC} の 2 つの電源を使用するため 2 電源方式と呼ばれる．しかし，2 電源方式では直流電源が 2 つ必要なためほとんど用いられていない．

　これに対して図 6-16 (b) に示す回路では 1 つのコレクタ電源 V_{CC} を共用するようにした回路で，これを 1 電源方式と呼んでいる．さらに図 6-16 (b) に示したバイアス回路を改良したものに図 6-16 (c)，(d) に示す回路がある．これらのバイアス回路は安定度が優れている．特に，図 6-16 (d) に示す回路は安定度が良いため一般に多く使用されている．

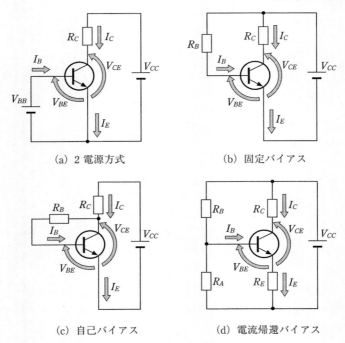

(a) 2 電源方式　　　　　　　　(b) 固定バイアス

(c) 自己バイアス　　　　　　　(d) 電流帰還バイアス

図 6-16　バイアス回路の例

　次に，1電源方式のバイアス回路の特徴と回路構成について述べる．図6-17に示す回路は最も簡単なバイアス回路である．このバイアス回路を固定バイアス回路と呼び，ベース電流 I_B を電源電圧 V_{CC} からバイアス抵抗 R_B を通して流す方法をとっている．この回路のベース電流 I_B は，

$$I_B = \frac{V_{CC} - V_{BE}}{R_B} \tag{6-10}$$

となる．

　トランジスタのベース–エミッタ間の電圧 V_{BE} の値はシリコントランジスタで約 0.6 V，ゲルマニウムトランジスタで約 0.2 V である．このときのコレクタ電流 I_C は，

$$I_C = h_{FE} I_B = \frac{h_{FE}(V_{CC} - V_{BE})}{R_B} \tag{6-11}$$

となり，$V_{CC} \gg V_B$ であるからベース–エミッタ間電圧 V_{BE} の変化に対してコレクタ

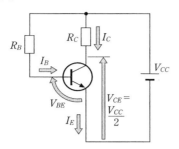

図 6-17 固定バイアス回路

電流 I_C の変化は比較的小さい．しかし，直流電流増幅率 h_{FE} に対してコレクタ電流 I_C の変化が大きいことが欠点である．

図 6-18 に示す回路はベース電流 I_B をコレクタ-エミッタ間電圧 V_{CE} から抵抗 R_B を通して流しているバイアス回路である．この回路を自己バイアス回路と呼んでいる．いま，$I_E \fallingdotseq I_C$ とすると，ベース電流 I_B は，

$$I_B = \frac{V_{CE} - V_{BE}}{R_B} \fallingdotseq \frac{V_{CC} - R_C I_C - V_{BE}}{R_B} \qquad (6\text{-}12)$$

となる．

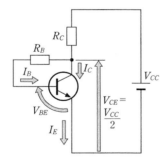

図 6-18 自己バイアス回路

この回路では，仮に温度上昇などでコレクタ電流 I_C が増加しようとすると，次に示すような変化が起こり，コレクタ電流 I_C の増加を妨げるように働く．

① コレクタ電流 I_C が増加する．

② コレクタ-エミッタ電圧 V_{CE} が減少する　　（$V_{CE} = V_{CC} - R_C I_C$）

③ ベース電流 I_B が減少する　　　　　　　　（$I_B = V_{CC} - V_{BE}/R_B$）

④　コレクタ電流 I_C が減少する　　　　　　（$I_C = h_{FE} I_B$）

したがって，コレクタ電流 I_C の増加を防ぐことができる．

この回路は，電圧帰還バイアス回路とも呼ばれ，固定バイアス回路に比べるとバイアスの安定度は良くなるが，入力インピーダンスが低下するといった欠点がある．

最も標準的なバイアス回路は図 6-19 に示す回路で，この回路は電流帰還バイアス回路と呼ばれている．図 6-19 に示した回路で抵抗 R_A および R_B は，コレクタ電圧 V_{CC} を分割してベース電圧 V_B の値を定めるための抵抗で，この抵抗をブリーダ抵抗 (bleeder resistance) と呼んでいる．

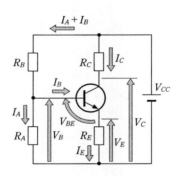

図 6-19　電流帰還バイアス回路

ブリーダ抵抗 R_A を流れる電流を I_A とすると，ブリーダ抵抗 R_B に流れる電流は I_A とベース電流 I_B とが流れる．ベース電流 I_B の変化によるベース電圧 V_B の変動を少なくするには，I_A の値がベース電流 I_B の 10 倍以上の値となるようにする．このブリーダ抵抗 R_A に流れる電流 I_A をブリーダ電流と呼んでいる．

エミッタ抵抗 R_E は，バイアスを安定化させる働きがあるため**安定抵抗** (ballast resistance) と呼ぶ場合がある．エミッタ抵抗 R_E の両端の電圧 V_E $(= R_E (I_B + I_C))$ を大きくするほど安定度は良くなるが，エミッタ電圧 V_E の値は一般に V_{CC} の 10 ％程度の値としている．

ブリーダ電流 I_A の値をベース電流 I_B の値の 10 倍以上となるようにすると，ベース電圧 V_B の値はベース電流 I_B にはほぼ無関係に，

$$V_B = \frac{R_A}{R_A + R_B} V_{CC} \tag{6-13}$$

となり, ベース電圧 V_B は一定の値となる.

このときベース-エミッタ間電圧 V_{BE} の値は,

$$V_{BE} = V_B - V_E = V_B - R_E (I_B + I_C) \tag{6-14}$$

となる.

この回路では温度上昇などでコレクタ電流 I_C が増加しようとすると, 次に示すような変化が生じ, コレクタ電流 I_C の増加を妨げるように働く.

① コレクタ電流 I_C が増加する.

② ベース電圧 $V_E (V_{RE})$ が増加する. 　　($V_E = R_E (I_B + I_C)$)

③ ベース-エミッタ間電圧 V_{BE} が減少する. 　　($V_{BE} = V_B - V_E$)

④ ベース電流 I_B が減少する. 　　(V_{BE}-I_B 特性から)

⑤ コレクタ電流 I_C が減少する. 　　($I_C = h_{FE} I_B$)

したがって, 温度の変化によりコレクタ電流 I_C の値が変化しても, その変化の割合は低く抑えられてバイアスの安定度が良い. しかし, ブリーダ抵抗 R_A および R_B が入力に並列に入るため, 入力インピーダンスの値がやや低下することが欠点である.

電流帰還バイアス回路は, エミッタ抵抗 R_E の値を大きくするほどバイアスの安定度は良くなる. しかし, エミッタ抵抗 R_E の値を大きくするとコレクタ-エミッタ間電圧 V_{CE} の値が小さくなり, 大きな値の出力が得られなくなる. そこで, 図 6-20 (a) に示すようにブリーダ抵抗の一部をダイオードに置き換えて小さな値のエミッタ抵抗 R_E でも温度変化に対する補償を行える方法が用いられている.

図 6-20 (a) に示した回路は, ブリーダ抵抗 R_A と直列にダイオード D を接続し, ダイオードの順方向電圧 V_F の温度変化と, ベース-エミッタ間電圧 V_{BE} の温度変化がほぼ同じであることを利用して温度補償を行っている.

また, 図 6-20 (b) はダイオードを使用した温度補償回路の温度補償特性の一例を示したものである. 図 6-20 (b) に示したように抵抗のみの回路では, 周囲温度の上昇に伴ってコレクタ電流 I_C が増加しているが, ダイオードを使用した回路ではコレクタ電流 I_C の値はあまり増加していない. すなわち, コレクタ電流 I_C が温度変化に対して非常に安定していることがわかる.

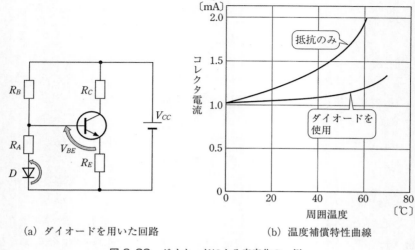

（a）ダイオードを用いた回路　　　　（b）温度補償特性曲線

図 6-20　ダイオードによる安定化の一例

3　トランジスタによる小信号増幅回路

　小信号増幅回路とは，バイアスの電圧や電流の大きさに比べて振幅が小さい信号を増幅する回路である．一般にトランジスタ 1 個では十分な利得が得られないため，トランジスタを数個使用して増幅回路を何段かに分けて増幅する多段増幅回路が使用されている．ここでは，それぞれの増幅回路同士を接続するために使用する結合コンデンサの容量や，使用するトランジスタの特性などによって多段増幅回路の特性がどのように異なるかについて述べる．

　図 6-21 に示す回路は多段増幅回路の 1 段の部分を示している．この回路でコンデンサ C_1 および C_2 は直流分を阻止して交流信号分だけを通すためのコンデンサで，これを結合コンデンサ（coupling capacitor）と呼んでいる．コンデンサ C_E は交流信号分に対してエミッタ抵抗 R_E を短絡し，エミッタを接地するためのコンデンサで，これをバイパスコンデンサ（by-pass capacitor）と呼んでいる．抵抗 R_i は次段の入力インピーダンス Z_i が抵抗分 R_i のみとしたものである．

　エミッタ接地増幅回路の動作を直流回路（バイアス回路）と交流回路に分けて考える．

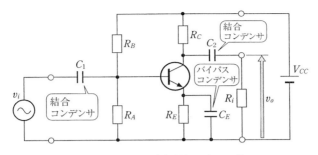

図6-21　多段増幅回路の1段

（1）　直流回路

図6-21に示した回路を直流回路のみについて考えると，図6-22（a）に示すようになる．この回路は電流帰還バイアス回路である．電流帰還バイアス回路のバイアスは次式により計算することができる．いま，ブリーダ電流 I_A の値がベース電流 I_B に比べて十分大きいとすると，

$$I_A \doteqdot \frac{V_{CC}}{R_A + R_B} \tag{6-15}$$

となる．

ベース電圧 V_B は，

$$V_B = R_A I_A \doteqdot \frac{R_A}{R_A + R_B} V_{CC} \tag{6-16}$$

である．

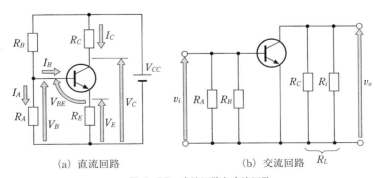

（a）直流回路　　　　　　　　（b）交流回路

図6-22　直流回路と交流回路

エミッタ電圧 V_E は，ベース電圧 V_B よりベース-エミッタ間電圧 V_{BE} だけ低いから，

$$V_E = V_B - V_{BE} \tag{6-17}$$

となる．

エミッタ電圧 V_E はエミッタ抵抗 R_E の電圧降下であるから，コレクタ電流 I_C は，$I_C + I_B \fallingdotseq I_C$ として，

$$I_C \fallingdotseq \frac{V_E}{R_E} \tag{6-18}$$

となる．

コレクタ電圧 V_C は，

$$V_C = V_{CC} - R_C I_C \tag{6-19}$$

となり，各バイアス電圧およびバイアス電流の値が求められる．

(2)　交流回路

図 6-21 に示した回路でコンデンサ C_1, C_2 および C_E のインピーダンスの値が使用する周波数に対して十分小さい場合，これらのインピーダンスの値は無視することができる．したがって，交流回路は図 6-22 (b) に示した回路となる．

これまでは，次段の入力インピーダンス Z_i ($= R_i$) がないものとして増幅回路の動作を考えてきた．しかし，抵抗 R_i が接続された場合，コレクタ抵抗 R_C が R_C と R_i の並列合成抵抗に変わったと考えると，図 6-22 (b) に示した増幅回路はエミッタ接地回路と同じ回路であることがわかる．このコレクタ抵抗 R_C と抵抗 R_i の並列合成抵抗を R_L とすれば，

$$R_L = \frac{R_C R_i}{R_C + R_i} \tag{6-20}$$

となり，この抵抗 R_L を **負荷抵抗** (load resistance) と呼んでいる．

このようにトランジスタ増幅回路の動作は，直流分と交流分とに分けて考えることができる．例えば，電圧増幅度や電流増幅度などは交流信号に対して定義されている．したがって，交流信号に対しての計算には **h パラメータ** (h-parameter) と呼ばれるトランジスタの定数が用いられている．次に h パラメータの定義について簡単に述べる．

a. hパラメータ

図6-23に示すような増幅回路の基本的な回路で，エミッタ接地増幅回路を用いてhパラメータについて述べる．いま，トランジスタのベース-エミッタ間電圧とベース電流を V_{BE}, I_B とし，また，コレクタ-エミッタ間電圧とコレクタ電流を V_{CE}, I_C としたとき，これらの電圧および電流の間には図6-24に示すような関係がある．これから各 h パラメータについて示す．

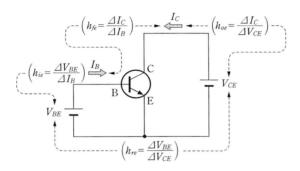

図6-23 トランジスタの電圧・電流

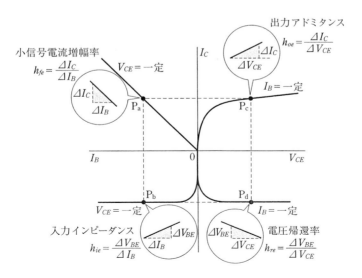

図6-24 特性曲線と h パラメータ

① 小信号電流増幅率 (h_{fe})

小信号電流増幅率 h_{fe} は, 図 6-23 に示した回路でコレクタ-エミッタ間電圧 V_{CE} の値を一定にし, ベース電流 I_B を微小変化量 ΔI_B だけ変化させると, コレクタ電流 I_C が ΔI_C だけ変化する. この場合の小信号電流増幅率 h_{fe} は,

$$h_{fe} = \frac{\Delta I_C}{\Delta I_B} \quad (V_{CE}\text{は一定}) \tag{6-21}$$

である.

式 (6-21) は, 図 6-24 に示した第 2 象限の特性 (I_C-I_B 特性) のある点 P_a (動作点) における傾きを示している. また, 図 6-24 に示した他の象現についても同様に, それらの傾きから次に示すような量を定義することができる.

② 入力インピーダンス (h_{ie})

入力インピーダンス h_{ie} は図 6-24 に示した回路で, 第 3 象限のコレクタ-エミッタ間電圧 V_{CE} の値を一定にして, ベース電流 I_B を微小量 ΔI_B だけ変化させたとき, ベース-エミッタ間電圧 V_{BE} が ΔV_{BE} 変化した場合,

$$h_{ie} = \frac{\Delta V_{BE}}{\Delta I_B} \quad (V_{CE}\text{は一定}) \tag{6-22}$$

で定義される h_{ie} を入力インピーダンスと呼び, 単位はオーム 〔Ω〕が用いられている.

③ 出力アドミタンス (h_{oe})

出力アドミタンス h_{oe} は図 6-24 に示した回路で, 第 1 象限ではベース電流 I_B を一定にして, コレクタ-エミッタ間電圧 V_{CE} を微小量 ΔV_{CE} だけ変化させたとき, コレクタ電流 I_C が ΔI_C 変化した場合,

$$h_{oe} = \frac{\Delta I_C}{\Delta V_{CE}} \quad (I_B\text{は一定}) \tag{6-23}$$

で定義される h_{oe} を出力アドミタンスと呼び, 単位はジーメンス 〔S〕が用いられている.

④ 電圧帰還率 (h_{re})

電圧帰還率 h_{re} は図 6-24 に示した回路で, 第 4 象限の特性からベース電流 I_B を一定にして, コレクタ-エミッタ間電圧 V_{CE} を微小量 ΔV_{CE} だけ変化させたとき, ベース-エミッタ間電圧 V_{BE} が ΔV_{BE} だけ変化したとして,

$$h_{re} = \frac{\Delta V_{BE}}{\Delta V_{CE}} \quad (I_B は一定) \tag{6-24}$$

で定義される h_{re} を電圧帰還率と呼んでいる.

　式 (6-21) 〜式 (6-24) で定義された量が h パラメータである. h パラメータはトランジスタ固有の量で, 一般に図6-24で示した動作点 (P_a, P_b, P_c, P_d) によって変化する.

b. h パラメータによる等価回路

　h パラメータを用いたトランジスタ増幅回路の等価回路は, 図 6-25 に示すようになる. これはトランジスタの小信号の交流分に対する働きを h パラメータを用いて表したもので, これを h パラメータによる等価回路と呼んでいる.

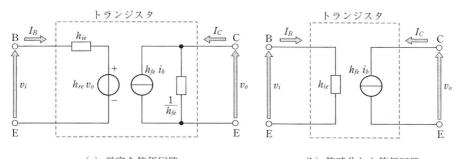

(a) 厳密な等価回路　　　　　　　　　(b) 簡略化した等価回路

図 6-25　h パラメータによる等価回路

　ここで $h_{re} v_o$ は周囲の回路に無関係に一定の起電力をもった理想的な電源で理想電圧源の電圧とする. また, $h_{fe} i_b$ は周囲の回路に無関係に一定の電流を流す理想的な電源で理想電流源の電流を表している. $1/h_{oe}$ はトランジスタの出力インピーダンスを意味している.

　一般に, 電圧帰還率 h_{re} の値は非常に小さく, また, 出力アドミタンス h_{oe} の逆数, $1/h_{oe}$ は増幅回路を作るとき非常に大きな値となる. したがって, これらの値を無視できる場合には, 図 6-25 (a) に示す等価回路は, 図 6-25 (b) に示すような簡単な等価回路として用いることができる. したがって, ここでは簡素化した等価回路を用いることにする.

c. エミッタ接地増幅回路の増幅度と入力インピーダンス

　h パラメータを用いて, 図6-26 (a) に示すエミッタ接地増幅回路の各増幅度お

よび入力インピーダンスを求める. 図 6-26 (b) に示す等価回路は, 図 6-26 (a) に示したエミッタ接地増幅回路の等価回路である. この等価回路を用いてエミッタ接地増幅回路の各段の増幅度を求めると, 次に示すようになる.

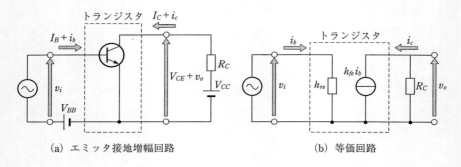

(a) エミッタ接地増幅回路　　　　　　　　　　(b) 等価回路

図 6-26　エミッタ接地増幅回路と等価回路

　まず, 電流増幅度 A_i は, $A_i = |i_o/i_i|$ である. したがって, この回路では $i_i = i_b$, $i_o = i_c$ であるから,

$$\text{電流増幅度}\quad A_i = \left|\frac{i_c}{i_b}\right| = \frac{h_{fe}\,i_b}{i_b} = h_{fe} \tag{6-25}$$

となる.

　また, 出力電圧 $v_o = -R_C i_c$ であるから, 電圧増幅度 A_v は,

$$\text{電圧増幅度}\quad A_v = \left|\frac{v_o}{v_i}\right| = \frac{R_C i_c}{v_i} = \frac{R_C h_{fe}\,i_b}{h_{ie}\,i_b} = \frac{h_{fe}}{h_{ie}}R_C \tag{6-26}$$

となる. また, 電力増幅度 A_p は,

$$\text{電力増幅度}\quad A_p = \frac{P_o}{P_i} = \frac{R_C i_c^{\,2}}{h_{ie}\,i_b^{\,2}} = \frac{h_{fe}^{\,2}}{h_{ie}}R_C = A_v A_i \tag{6-27}$$

となる.

　この増幅回路の入出力インピーダンスの値を求めると,

$$\left.\begin{array}{l}
\text{入力インピーダンス}\quad Z_i = \dfrac{v_i}{i_b} = h_{ie} \\[2mm]
\text{出力インピーダンス}\quad Z_o = R_C
\end{array}\right\} \tag{6-28}$$

と求めることができる．しかし，これら各式は近似式であるが実用上これで十分使用することができる．

そこで，これらのhパラメータを用いて図6-22で示した回路のブリーダ抵抗R_AとR_Bとを1つの並列合成抵抗とし，負荷抵抗をR_Lとすれば，図6-22 (b) で示した交流回路は，図6-27に示す等価回路に書き換えることができる．

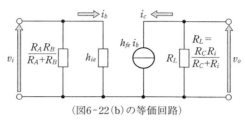

（図6-22 (b) の等価回路）

図6-27　等価回路

図6-27で示した回路の電圧増幅度A_vの値は，

$$A_v = \frac{h_{fe}}{h_{ie}} R_L = \frac{h_{fe}}{h_{ie}} \left(\frac{R_C R_i}{R_C + R_i} \right) \tag{6-29}$$

となる．

この電圧増幅度A_vの式は，図6-21に示した多段増幅回路において入力電圧v_iの周波数の値がある程度高く，コンデンサC_1, C_2およびC_Eのインピーダンスが抵抗やトランジスタのh_{fe}などに比べて十分小さく，無視できるものとした場合である．しかし，実際に増幅回路に一定の入力電圧v_iを加え，その出力電圧v_oを調べてみると，コンデンサC_1, C_2およびC_Eのインピーダンスによる影響により増幅回路の周波数特性は，図6-28に示すように周波数が低い部分や高い部分で出力電圧の値が低下する．

コンデンサC_1, C_2およびC_Eのインピーダンスによる影響が無視できる場合には，電圧増幅度は周波数が変化しても出力電圧の値は一定である．このような周波数領域を中域と呼んでいる．式 (6-29) で示した電圧増幅度A_vは周波数領域が中域の増幅度である．また，電圧増幅度が低下する低い周波数領域を低域と呼び，高い周波数領域を高域と呼んでいる．

図6-28に示したように出力電圧の値が中域に比べて$1/\sqrt{2}$（3 dB 低下に相当する）となる低域および高域のそれぞれの点の周波数の値を，低域遮断周波数および

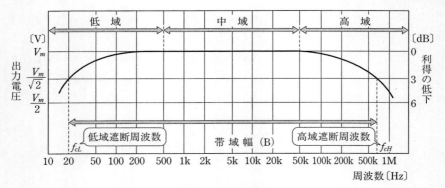

図 6-28　周波数特性の一例

高域遮断周波数と呼び，それぞれを f_{cL} および f_{cH} と表している．また，高域遮断周波数と低域遮断周波数の差，$f_{cH} - f_{cL} = B$ の B を**帯域幅**（band width）と呼んでいる．

　帯域幅 B は，増幅しようとしている信号の周波数成分が含まれているように十分に広くすることが望ましい．例えば，音声増幅器では周波数の帯域幅 B は 20Hz ～ 50kHz 程度必要である．

　このように増幅回路が低域で利得が低下する原因としてはコンデンサ C_1, C_2 および C_E のインピーダンスによるものと考えられる．そこで，それぞれのコンデンサについてその影響を調べてみると次に示すようになる．

①　コンデンサ C_1 による影響

　図 6-22 に示した回路でコンデンサ C_1 による影響を考慮すると，**図 6-29** に示す等価回路となる．この回路ではコンデンサ C_2 および C_E は無視している．いま，ブリーダ抵抗 R_A, $R_B \gg h_{ie}$ と仮定すると，トランジスタの入力電流 i_b は次式で表される．

$$i_b = \frac{v_i}{\sqrt{h_{ie}{}^2 + (1/\omega\,C_1)^2}} = \frac{v_i}{h_{ie}\sqrt{1 + (1/\omega C_1\,h_{ie})^2}} \tag{6-30}$$

また，図 6-29 に示した回路の電圧増幅度 $A_v{}'$ は，次式に示すようになる．

$$A_v{}' = \left| \frac{v_o}{v_i} \right| = \frac{h_{fe}\,R_L\,i_b}{v_i} \tag{6-31}$$

したがって，式 (6-31) に式 (6-30) を代入すると，

$$A_v{}' = \frac{h_{fe}\,R_L\,i_b}{h_{ie}} \cdot \frac{1}{\sqrt{1 + (1/\omega\,C_1\,h_{ie})^2}} \tag{6-32}$$

となる．

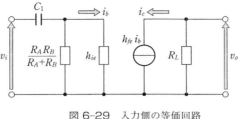

図 6-29　入力側の等価回路

式 (6-32) が式 (6-29) の中域の電圧増幅度 $h_{fe} R_L / h_{ie}$ の $1/\sqrt{2}$ 倍になるのは，$\omega C_1 h_{ie} = 1$ のときである．したがって，コンデンサ C_1 による低域遮断周波数 f_{C1} は次式で示すようになる．

$$f_{C1} = \frac{1}{2\pi C_1 h_{ie}} \tag{6-33}$$

② コンデンサ C_2 による影響

コンデンサ C_2 を考慮に入れてコンデンサ C_1 および C_E を無視すると，図6-22で示した回路の等価回路は図 6-30 に示すような回路となる．この回路の電圧増幅度 A_v'' は，

$$A_v'' = \frac{h_{fe} R_L}{h_{ie}} \cdot \frac{1}{\sqrt{1 + \{1/\omega C_2 (R_C + R_i)\}^2}} \tag{6-34}$$

となる．

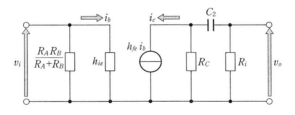

図 6-30　出力回路の等価回路

式 (6-34) が，式 (6-29) の $1/\sqrt{2}$ 倍になるのは $|1/\omega C_2 (R_C + R_i)|^2 = 1$ のときである．したがって，低域遮断周波数 f_{C2} は次式で示すようになる．

$$f_{C2} = \frac{1}{2\pi C_2 (R_C + R_i)} \tag{6-35}$$

　また，高域での周波数特性はトランジスタ自身のh_{fe}の低下と，ベース–コレクタ間の出力容量C_{ob}や配線間の分布容量C_sなどが影響してくる．したがって，高域遮断周波数の値を高くするには，トランジスタのベース–コレクタ間の出力容量C_{ob}の値が小さく，小信号電流増幅率h_{fe}の周波数特性が優れたトランジスタを使用し，配線も配線間の分布容量C_sの値が小さくなるように注意して配線を行う必要がある．

4 トランジスタによる電力増幅回路

　電力増幅回路は小信号増幅回路に比べて取り扱う信号電力の値が大きい．したがって，これまで述べてきた小信号増幅回路での交流の等価回路を用いることはできない．このため，主として負荷線を用いて出力電力などの値を求めている．ここでは，大振幅入力電圧を電力増幅回路でいかに効率良く増幅するか，また，トランジスタの発熱に対していかに動作を安定させるかなどについて述べる．

　電力増幅器回路では大信号を扱うため大きな値のコレクタ電流I_Cが流れる．したがって，図6-31（a）に示すようにトランジスタの内部で生じる熱の問題がある．この発熱による電力損失はコレクタ–エミッタ間電圧V_{CE}とコレクタ電流I_Cとの積であるコレクタ損失となる．コレクタ損失P_Cは，

$$P_C = V_{CE} I_C \tag{6-36}$$

で与えられる．

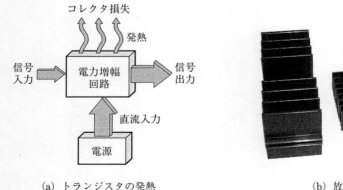

　　　（a）トランジスタの発熱　　　　　　　　　　（b）放熱器の外観

図6-31　トランジスタの発熱と放熱器

コレクタ損失による発熱のためにトランジスタが損傷を受ける恐れがある．このため，トランジスタを冷却する目的で図6-31(b)に示す放熱器を用いる場合が多い．

電力増幅用トランジスタの動作範囲は，図6-32(a)に示すように最大コレクタ電圧 V_{CEmax}，最大コレクタ電流 I_{Cmax} の両直線と，最大コレクタ損失 P_{Cmax} の曲線で囲まれた領域内に限られる．

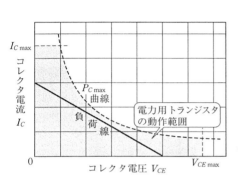

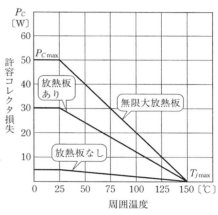

(a) 電力増幅用トランジスタの動作範囲　　(b) T_a-P_C 特性の一例

図6-32　電力用トランジスタの動作範囲と許容コレクタ損失

なお，最大コレクタ損失は，放熱器の有無や周囲温度によって図6-32(b)に示すように変化する．したがって，実際に使用するトランジスタに許される許容コレクタ損失は，最大定格 P_{Cmax} より小さな値になることに注意しなければならない．電力増幅回路では熱によるバイアスの変化が起きやすいため，特に，バイアスの安定化が必要である．このためにダイオードを用いた温度補償が一般に行われている．

また，電力増幅回路は大信号を取り扱うため動作範囲が広くなり，小信号の場合とは異なり h パラメータを用いて計算することができない．したがって，負荷線を使って信号の出力電力などの計算を行っている．

電力増幅回路の出力でスピーカ等の負荷が接続される場合，図6-33に示すように電力増幅回路のインピーダンス r（内部抵抗）の値が負荷（スピーカ）の抵抗 R_L に等しいとき，すなわち端子ab間から電力増幅回路を見たインピーダンスと，負荷側を見たインピーダンスとが等しい場合，**インピーダンス整合**（impedance matching）

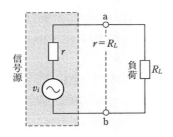

図 6-33　インピーダンス整合

が取れているといい，このとき，電力増幅回路から負荷に最大の電力を供給することができる.

電力増幅回路はバイアスによってA級，B級およびC級電力増幅回路に分けられている.次に，これら各バイアス方式について述べる.

① A級電力増幅回路のバイアス方式

A級電力増幅回路は図6-34(a)に示すように，バイアス点をバイポーラトランジスタのV_{BE}-I_C特性曲線のほぼ直線とみなせる範囲内の中心の点P_Aをバイアス点に設定している増幅回路をA級増幅回路と呼んでいる.

A級電力増幅回路は，小信号増幅回路や小出力の電力増幅回路に用いられている.A級電力増幅回路では出力信号波形が入力信号波形にほぼ比例するためひずみの少ない電力増幅器を作ることができる.

② B級電力増幅回路のバイアス方式

B級電力増幅回路は図6-34(b)に示すように，V_{BE}-I_C特性曲線でコレクタ電流I_Cの値が0となる点P_Bをバイアス点とする電力増幅回路をB級電力増幅回路と呼んでいる.

B級電力増幅回路では入力信号波形の半分しか増幅することができない.したがって，残りの半分の波形をもう1つのB級電力増幅回路で増幅した後，これらの2つの出力を合成する方法が用いられている.この方法をB級P-P（プッシュプル：push-pull）増幅器と呼び，電力増幅回路で多く使用されている.

③ C級電力増幅回路のバイアス方式

C級電力増幅回路は図6-34(c)に示すように，V_{BE}-I_C特性曲線でバイアス点を－V_{BE}上の点P_Cに設定した増幅回路で，これをC級電力増幅回路と呼んでいる.C級電力増幅回路は高周波電力増幅回路に使用されている.

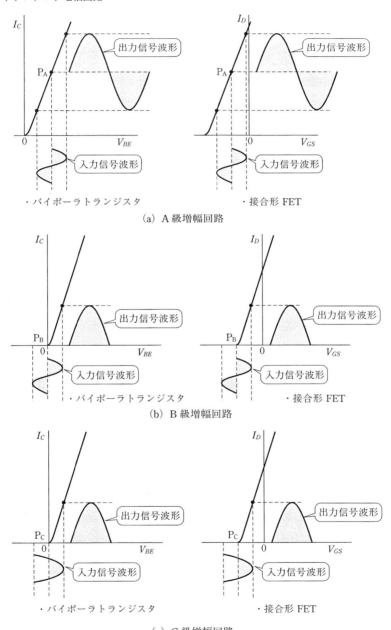

(a) A級増幅回路

(b) B級増幅回路

(c) C級増幅回路

図 6-34 バイアスによる増幅回路の分類

次に電力増幅回路の基本回路について述べる.

（1）　A 級電力増幅回路

　A 級電力増幅回路の基本回路を図 6-35 に示す. A 級電力増幅回路の負荷とし
てスピーカが接続されている場合, 負荷 R_S の値は一般に低く数Ω程度である. し
たがって, トランジスタと負荷 R_S との整合を取るために巻数比が n の変成器が使
用される. 交流分に対しては変成器の二次側に接続されている負荷 R_S が n^2 倍さ
れて一次側に換算される. したがって, 一次側から見た負荷抵抗 R_L は次式に示す
ようになる.

$$R_L = n^2 R_S \tag{6-37}$$

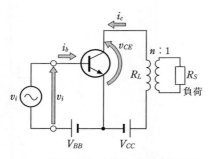

図 6-35　A 級電力増幅基本回路

　一般に変成器の巻線抵抗の値は非常に小さいため, トランジスタの直流負荷とし
てはほとんど 0 Ωとみなすことができる. したがって, コレクタ-エミッタ間には
電源電圧 V_{CC} がそのまま加わると考えてよい. そのため直流負荷曲線は図 6-36
に示すように, 電源電圧 V_{CC} を通る直線となる.

　図 6-36 に示したように動作点 P を通って傾きが $-1/R_L$ の直線を交流負荷線と
呼んでいる. 交流信号がない場合におけるトランジスタのコレクタ-エミッタ間電
圧 V_{CE} は, 電源電圧 V_{CC} である. 交流信号にともないコレクタ-エミッタ間電圧 V_{CE}
は電源電圧 V_{CC} を中心にして変化する. したがって, 図 6-36 に示したように信号
の出力電圧 v_{CE} の最大電圧は, 電源電圧 V_{CC} の約 2 倍となる.

　図 6-36 において, $V_{CE} = 2V_{CC}$ の点から傾きが $-1/R_L$ の直線を引く. これが交
流負荷線であり, 直流負荷線との交点 P が動作点となる. ΔV_1, ΔV_2 の領域をそれ

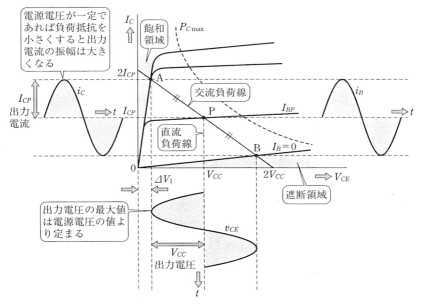

図 6-36　A 級電力増幅回路の動特性

ぞれ飽和領域, 遮断領域といい, この領域内ではトランジスタは動作しない. しかし, ΔV_1, ΔV_2 の値は小さいため無視することができる. したがって, コレクタバイアス電流 I_{CP} は交流負荷線の傾きから,

$$I_{CP} = \frac{V_{CC}}{R_L} \tag{6-38}$$

となる.

次に, 信号が正弦波の場合の最大出力電力, 電源効率およびコレクタ損失を求める.

① 最大出力電力

先に示した図 6-36 から出力電力の最大値は電源電圧 V_{CC}, 出力電流の最大値はコレクタバイアス電流 I_{CP} となる. これを実効値に直して最大出力電力 P_{om} を求めると,

$$P_{om} = \frac{V_{CC}}{\sqrt{2}} \cdot \frac{I_{CP}}{\sqrt{2}} = \frac{1}{2} V_{CC} I_{CP} \tag{6-39}$$

となる.

交流負荷線の傾きから $R_L = V_{CC}/I_{CP}$ であるから，負荷抵抗 R_L と最大出力電力 P_{om} との関係は次式に示すようになる．

$$P_{om} = \frac{1}{2}V_{CC}I_{CP} = \frac{V_{CC}{}^2}{2R_L} \qquad (6\text{-}40)$$

式 (6-40) からわかるように最大出力電力の値を大きくするためには電源電圧 V_{CC} の値が一定の場合，負荷抵抗 R_L すなわち変成器の一次側から負荷側を見たインピーダンスの値は小さなものを使用する必要がある．

② 電源効率

電源効率とは，負荷抵抗から取り出せる電力と，電源から供給される直流電力の平均値との比を電源効率といい，これを η で表している．A級電力増幅の場合，電源が供給するコレクタ電流 I_C の平均値は，図6-37 に示すように信号の大小に無関係に一定で，コレクタバイアス電流 I_{CP} となる．したがって，電源が供給する平均電力 P_{DC} の値は，

$$P_{DC} = V_{CC}I_{CP} \qquad (6\text{-}41)$$

となる．

また，A級電力増幅回路の電源効率は，最大出力時に最大となる．このときの電源効率 η_m は，

$$\eta_m = \frac{P_{om}}{P_{DC}} = \frac{\dfrac{1}{2}V_{CC}I_{CP}}{V_{CC}I_{CP}} = \frac{1}{2} = 0.5 \qquad (6\text{-}42)$$

となり，電源効率は 50％ となる．

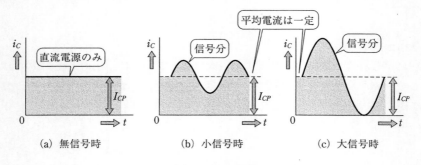

図 6-37　コレクタ電流の平均値

③ コレクタ損失

電源の平均電力 P_{DC} と交流出力電力 P_o との差はすべてコレクタ損失 P_C となり,

$$P_C = P_{DC} - P_o$$

と表される. P_C は $P_o = 0$ のとき,すなわち無信号時に最大となる.したがって,コレクタ損失の最大値 P_{cm} は,式 (6-40),式 (6-41) から,

$$P_{cm} = P_{DC} = V_{CC} I_{CP} = 2 P_{om} \tag{6-43}$$

となって,最大出力電力の 2 倍がコレクタ損失の最大値となる.最大出力電力,電源効率およびコレクタ損失などを電力増幅回路の動作量といっている.

(2) B 級 P–P 電力増幅回路

A級増幅回路では,無信号時にも直流のコレクタ電流が流れるため直流の消費電力の値が大きく電源効率が悪い.これに対して B 級電力増幅回路では入力信号があるときだけコレクタ電流が流れるため電力の無駄が少ない.したがって,電源効率の良い増幅を行うことができる.

負荷がスピーカの場合を考えると,負荷抵抗は 4 Ω,8 Ω および 16 Ω などと小さな値である.この負荷抵抗の値とトランジスタとのインピーダンス整合を取るために,エミッタホロワ回路または変成器を使用した回路が用いられている.ここではエミッタホロワ回路を使用した電力増幅回路について述べる.

B 級 P–P 電力増幅回路の基本回路は図 6-38 に示す回路が用いられている.この回路で負荷抵抗 R_L はエミッタに接続されている.トランジスタ Tr_1 は npn 形トランジスタであり,Tr_2 は pnp 形トランジスタである.この回路ではベース回路にバイアス電圧を加えていないためトランジスタは B 級増幅器として動作する.

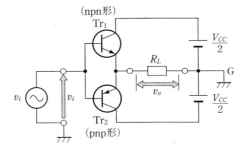

図 6-38 B 級 P–P 電力回路の原理図

　いま，図 6-39 (a) に示す回路において，交流入力電圧 v_i の正の半周期では，トランジスタのベース電圧が正の電圧となりトランジスタ Tr_1 だけが動作してエミッタ電流 i_{e1} が流れる．したがって，出力電圧 v_o は正の半周期となる．

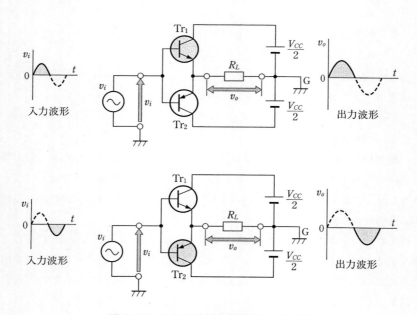

図 6-39　B 級 P-P 電力増幅回路の動作原理

　次に，図 6-39 (b) に示すように入力電圧 v_i の負の半周期では，トランジスタのベース電圧は負の電圧となり，トランジスタ Tr_2 のみが動作してエミッタ電流 i_{e2} が流れる．したがって，出力電圧 v_o は負の半周期となる．

　以上のことから入力電圧 v_i の正および負の半周期において，トランジスタ Tr_1 および Tr_2 が半周期ずつ動作して出力電圧 v_o は全周期にわたり信号が増幅される．このように 2 つのトランジスタが交互に動作するので，この回路を B 級 P-P 電力増幅回路と呼んでいる．

　図 6-40 に示す回路での B 級 P-P 電力増幅器では，図 6-40 (b) に示すトランジスタの V_{BE}-I_B 特性からベース-エミッタ間電圧が約 0.6 V 以上にならないとベース電流 I_B が流れない．このためエミッタ電流 I_E も流れないため，図 6-41 に示すように正弦波入力電圧 v_i の値が約 ± 0.6V の間，出力電圧 v_o は 0 V となり出力波形にひずみが生じる．このひずみをクロスオーバひずみ (cross over distortion) と呼んでいる．

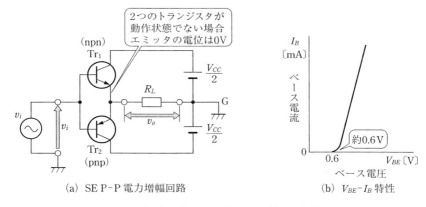

(a) SE P-P 電力増幅回路 　　(b) V_{BE}-I_B 特性

図 6-40 クロスオーバひずみの原理

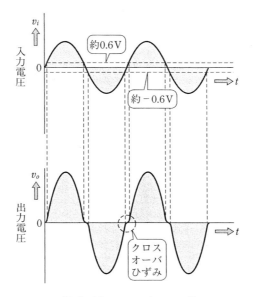

図 6-41 クロスオーバひずみ

このひずみを除去するためには，図 6-42 に示すように無信号時にも少しコレクタ電流が流れるように，わずかなバイアス電圧 V_{BB} を加え，動作点を少し A 級に近づけておけばよい．このようなバイアス電圧を加えた回路を AB 級電力増幅回路と呼んでいる．

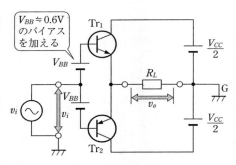

図 6-42　AB 級 SEP–P 電力増幅回路の原理図

　B 級 P–P 電力増幅回路の動作は，組み合わせた 2 つのトランジスタの V_{BE}–I_C 特性や V_{CE}–I_C 特性などを互いに逆向きに組み合わせて考えることができる．そこで V_{CE}–I_C 特性を使って動特性を求める．まず，トランジスタおよび増幅回路の損失を無視すると，その動特性は図 6-43 に示すようになる．

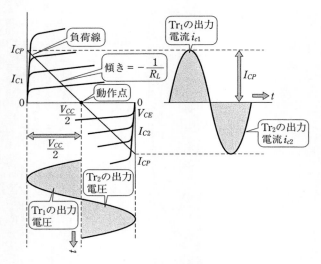

図 6-43　B 級 P–P 電力増幅回路の動特性

　次に信号が正弦波の場合の動作量を求めると，最大出力電力 P_{om} は，出力電圧の最大値 $V_{CC}/2$ と，出力電流の最大値 $I_{CP}=V_{CC}/2R_L$ とから次に示すようになる．

$$P_{om} = \frac{V_{CC}/2}{\sqrt{2}} \cdot \frac{I_{CP}}{\sqrt{2}} = \frac{V_{CC}I_{CP}}{4} = \frac{V_{CC}^2}{8R_L} \tag{6-44}$$

電源から供給される平均直流電力は,電源電圧と電源電流の平均値を掛けたものである.そこで,電源には i_{c1} と i_{c2} が流れるから,電源の電流 i_{CC} の波形は図6-44に示すような波形となり,電源電流 i_{CC} の平均値 i_{DC} は $\frac{2}{\pi}I_{CP}$ である.したがって,電源の平均電力 P_{DC} は次式に示すようになる.

$$P_{DC} = \frac{V_{CC}}{2}I_{DC} = \frac{V_{CC}}{2} \cdot \frac{2}{\pi}I_{CP} = \frac{V_{CC}I_{CP}}{\pi} \tag{6-45}$$

したがって,最大出力時の電源効率 η_m は,

$$\eta_m = \frac{P_{om}}{P_{DC}} = \frac{V_{CC}I_{CP}/4}{V_{CC}I_{CP}/\pi} = \frac{\pi}{4} \fallingdotseq 0.78 \tag{6-46}$$

となり,最大出力時の電源効率 η_m の値は約78%になる.

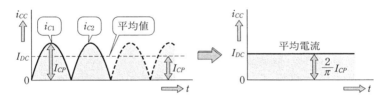

図6-44 電源に流れる電流

トランジスタ1個あたりのコレクタ損失 P_C は,負荷の出力を P_o とすると次式で示すようになる.

$$P_C = \frac{1}{2}(P_{DC} - P_o) = \frac{1}{2}P_o\left(\frac{P_{DC}}{P_o} - 1\right) \tag{6-47}$$

したがって,最大出力時においては,式(6-46)から $P_{om}/P_{DC} = \pi/4$ であるから,

$$P_C = \frac{1}{2}P_{om}\left(\frac{4}{\pi} - 1\right) \fallingdotseq 0.14\,P_{om}$$

となる.

しかし,コレクタ損失が最大となるのは,理論的な計算によると,出力電圧が最大出力電圧の $2/\pi$ 倍のときで,このときコレクタ損失の最大値 P_{cm} は,ほぼ,次式に示すようになる.

$$P_{cm} \fallingdotseq 0.2\,P_{om} \tag{6-48}$$

すなわち，最大出力電力の約 20% がコレクタ損失の最大値 P_{cm} となる．

したがって，電力増幅用トランジスタは次に示す関係式を満たす特性のものを選定する必要がある．

　　① $P_{C\max} > 0.2\,P_{om}$　　② $V_{CE\max} > V_{CC}$　　③ $I_{C\max} > I_{CP}$

一般には，上記に示した各式の右辺の値を 1.5～2 倍した値のトランジスタを選んで使用する．しかし，B 級電力増幅回路ではクロスオーバひずみが生じる．このクロスオーバひずみをなくすことができる AB 級電力増幅回路について次に述べる．

(3) AB 級 P–P 電力増幅回路

これまで述べてきた B 級電力増幅回路ではクロスオーバひずみが生じる．このクロスオーバひずみをなくすために，ベース–エミッタ間に約 0.65 V のバイアス電圧を加えた AB 級電力増幅回路が使用されている．その際，バイアス回路としてダイオードを使用する場合とトランジスタを使用する場合とがあるが，ここではダイオードを用いたバイアス回路について述べる．

図 6-45 (a) に示す AB 級電力増幅回路は，ダイオード D_1 および D_2 により，トランジスタ Tr_1 および Tr_2 のベースにバイアス電圧を加える回路である．この回路の動作は，

① 　ダイオード D_1 および D_2 に抵抗 R_1 および R_2 を通してブリーダ電流（直流）I_0 を流しておく．ただし，2 つのトランジスタのベースバイアス電流は，ブリーダ電流 I_0 に比べて十分小さいものとする．

② 　このとき，次式が成立する．

$$V_B = V_{D1} + V_{D2} = V_{BE1} + V_{BE2}$$

$$V_{D1} = V_{D2}$$

③ 　トランジスタ Tr_1 および Tr_2 は特性が等しいトランジスタを使用する．したがって，

$$V_{BE1} = V_{BE2} = V_{D1} = V_{D2}$$

となる．

④ 　図 6-45 (a) に示した点 A および点 B は正負の電源電圧に対して中点であり，無信号時には 0 V である．

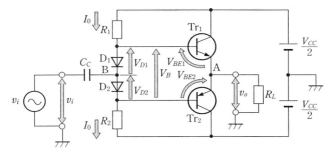

（a）ダイオードによるバイアス回路

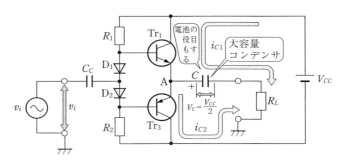

（b）単電源 SE P-P 電力増幅回路の原理

図 6-45　AB 級電力増幅回路

⑤　ブリーダ電流 I_0 をベース電流より十分に大きくすると，V_{D1} および V_{D2} は一定値となり，図 6-42 で示した回路の直流電源 V_{BB} と同じ働きをする．

これまで述べた AB 級電力増幅回路は電源電圧に正負の電源が必要である．このほかの回路としては，図 6-45（b）に示すような単電源による SE P–P 電力増幅回路もある．

 ## 6.2　電界効果トランジスタによる小信号増幅回路

電界効果トランジスタ（FET）はゲート電流が流れないため入力インピーダンスの値が大きな増幅回路を作ることができる．ここでは，小信号増幅回路に多く使用されている接合形 FET を中心に，FET を用いた基本的な増幅回路について述べる．

❶　接合形 FET による基本増幅回路

接合形 FET もバイポーラトランジスタの場合と同様に，入力の加え方および出力の取り出し方によって図 6-46 に示すようにソース接地増幅回路，ゲート接地増幅回路およびドレイン接地増幅回路の 3 つの基本増幅回路がある．

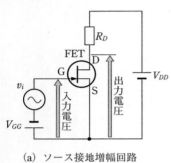

(a)　ソース接地増幅回路

(b)　ゲート接地増幅回路

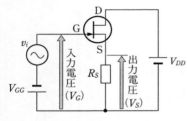

(c)　ドレイン接地増幅回路

図 6-46　FET の基本回路

ソース接地増幅回路は，バイポーラトランジスタのエミッタ接地増幅回路に相当する回路で，最も多く使用されている．ここで注意しなければならないことは，図 6-46 (c) に示したドレイン接地増幅回路におけるゲート電圧 V_{GG} の極性である．接合形 FET ではソースに対してゲート電圧を低くして使用する．つまり，ゲート-ソース間電圧 $V_{GS} \leqq 0\,\mathrm{V}$ としてバイアス電圧を加えている．

いま，交流入力電圧 $v_i = 0\,\mathrm{V}$ のとき，ゲート-ソース間電圧 V_{GS} は次式で表される．

$$V_{GS} = V_{GC} - V_S$$

ここでは，電圧 V_S はソースの直流電圧である．実際にはドレイン電流 I_D によって抵抗 R_S に電圧降下が生じ，$V_S = R_S I_D$ となる．$V_{GG} < V_S$ となるように抵抗 R_S の

値を定めれば，ゲート-ソース間電圧 $V_{GS} < 0\,\mathrm{V}$ の範囲で動作する．したがって，V_{GG} の極性は図 6-46 (c) に示したようになる．

接合形 FET を用いて図 6-47 に示す回路で，ドレイン-ソース間電圧 V_{DS} の値を一定とし，ゲート-ソース間電圧 V_{GS} を変化させたときのドレイン電流 I_D の値を測定すると，図 6-48 に示すような特性曲線が得られる．この特性曲線を FET の V_{GS}-I_D 特性曲線という．

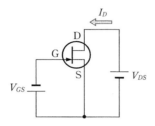

図 6-47 接合形 FET の基本回路

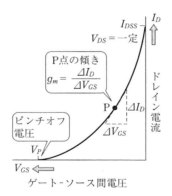

図 6-48 V_{GS}-I_D 特性曲線

図 6-48 に示した特性曲線の中で，$V_{GS} = 0\,\mathrm{V}$ のときのドレイン電流 I_D の値を，特に I_{DSS} （ゼロバイアス時ドレイン電流），また，ドレイン電流 I_D の値が $I_D \fallingdotseq 0\,\mathrm{A}$ となるような V_{GS} の値が V_P （ピンチオフ電圧）である．

　図 6-47 に示した曲線上の点 P における V_{GS} の微小変化 ΔV_{GS} に対するドレイン電流 I_D の微小変化 ΔI_D の比を g_m とすれば,

$$g_m = \frac{\Delta I_D}{\Delta V_{GS}} \ (\mathrm{S}) \tag{6-49}$$

となる.

　式 (6-49) で示した g_m を相互コンダクタンスという. ここで, ΔV_{GS} と ΔI_D を小信号の交流電圧および交流電流として v_{gs} , i_d と置き換えると,

$$i_d = g_m v_{gs} \tag{6-50}$$

となる.

　すなわち, 入力電圧 v_{gs} に対して出力側には $g_m v_{gs}$ の電流が流れると考えられる. この関係をもとに図 6-49 (a) に示すソース接地回路の交流等価回路は, 図 6-49 (b) に示す回路となる. 図 6-49 (b) に示した回路で抵抗 r_g は FET の入力インピーダンスである. また, 抵抗 r_d は出力インピーダンスである.

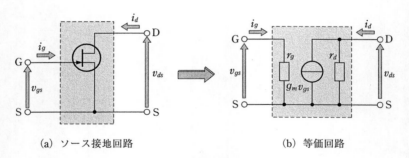

　　(a) ソース接地回路　　　　　　　　　　　　(b) 等価回路

図 6-49　FET の等価回路

　この等価回路は, トランジスタの等価回路と似ているが, 入力インピーダンス r_g は h_{ie} に比べて非常に大きく, ほぼ無限大と考えても良い. したがって, FET を用いると入力インピーダンスの値が大きな増幅器を作ることができる. また, 一般に出力インピーダンス r_d は V_{DS} を 3 V 以上で使用すると, 負荷抵抗の値に比べて十分大きな値となるため無視しても良い場合がある.

　FET はバイポーラトランジスタに比べて温度による影響が少ない. また, ゲートに直流電流を流す必要がないため, バイアス回路の設計は容易である. 次に FET による増幅回路のバイアスについて述べる.

（1）　固定バイアス回路

　n チャネル接合形 FET は，図 6-50 に示す V_{GS}-I_D 特性で，V_{GS} が負の領域で使用される．いま，動作点を図 6-50（a）に示した特性曲線の点 P に定めたい場合，図 6-50（b）に示したようにゲート抵抗 R_G を通して負の電圧 V_{GG} を加えればよい．このように独立した直流電源によりゲートにバイアスを加える回路を固定バイアス回路と呼んでいる．

　また，n チャネルデプレション形 MOS FET は，図 6-50（c）に示すように V_{GS}-I_D 特性で，$V_{GS} \geqq 0\mathrm{V}$ の領域でも使用することができる．しかし，一般には V_{GS} が負の領域で使用する場合が多い．この回路のバイアス回路は図 6-50（d）に示したように接合形 FET と同様に固定バイアス回路を用いることができる．

　固定バイアス回路の設計は簡単である．しかし，ドレイン側の電源 V_{DD} を含めて 2 個の電源が必要であるといった欠点があり，次に示す自己バイアス回路が多く用いられている．

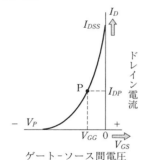

（a）接合形 FET の V_{GS}-I_D 特性

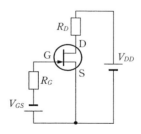

（b）接合形 FET の回路

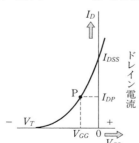

（c）デプレション形 MOS
　　FET の V_{GS}-I_D 特性

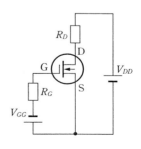

（d）デプレション形
　　MOS FET の回路

図 6-50　固定バイアス回路

（2）　自己バイアス回路

　図 6-51 に示す回路は接合形 FET の自己バイアス回路である．FET のゲート
には電流が流れないため抵抗 R_G の電圧降下は 0 である．したがって，ソース抵抗
R_S の両端の電圧降下 V_S がそのままゲート-ソース間の電圧 V_{GS} となり，電圧 V_{GS} は，

$$V_{GS} = -V_S = -R_S I_D \tag{6-51}$$

である．

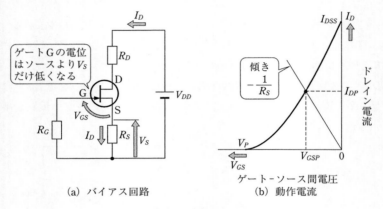

（a）バイアス回路　　　　　　（b）動作電流

図 6-51　自己バイアス回路

　FET の動作点を図 6-51（b）に示すように点 P のように定めると，そのバイアス
電流 I_{DP} とバイアス電圧 V_{GSP} とからソース抵抗 R_S は，

$$R_S = -\frac{V_{GSP}}{I_{DP}} \tag{6-52}$$

となる．

　抵抗 R_G には電流が流れないため抵抗 R_G の値は任意でよい．しかし，入力イン
ピーダンスの値を下げないために数百 kΩ ～ 1MΩ 程度の高い値の抵抗が使用され
ている．

　デプレション形 MOS FET でも，ゲート-ソース間電圧 V_{GS} の値を負の領域で使用
する場合，図 6-50（a）と図 6-50（c）に示したように接合形 FET と同様の V_{GS}-I_D 特
性であるから，図 6-51（a）と同様の自己バイアス回路を用い式（6-52）によって抵抗
R_S の値を求めることができる．

図 6-51 (a) で示した回路では，バイアス電流 I_{DP} を定めるとソース抵抗 R_S は式 (6-52) により自動的に決まってしまう．しかし，ドレイン接地増幅回路などでは，ソース電圧 V_S の値をもっと大きな値にしたい場合がある．このような場合には図 6-52 に示す自己バイアス回路を使用する．

図 6-52 に示した自己バイアス回路のソース電圧 V_S の値は，

$$V_S = V_G - V_{GS} = \frac{R_2}{R_1 + R_2} V_{DD} - V_{GS} \tag{6-53}$$

となる．

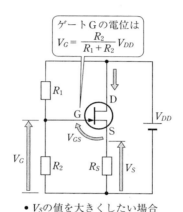

ゲート G の電位は
$$V_G = \frac{R_2}{R_1 + R_2} V_{DD}$$

● V_S の値を大きくしたい場合

図 6-52　自己バイアス回路

したがって，抵抗 R_1，R_2 の分割比を適当に選定すれば，ソース電圧 V_S の値をドレイン電流 I_D に関係なく任意に選ぶことができる．

n チャネルのエンハンスメント形 MOS FET の V_{GS}–I_D 特性は，図 6-53 (a) に示すように V_{GS} が正の領域でドレイン電流 I_D が流れる．したがって，ゲート電圧をソース電圧より高くできる図 6-53 (b) に示す回路が使用されている．この回路のゲート-ソース間電圧 V_{GS} の値は，

$$V_{GS} = \frac{R_2}{R_1 + R_2} V_{DD} \tag{6-54}$$

となり，この値が図 6-53 (a) に示した動作点 P の電圧 V_{GSP} に等しくなるように，抵抗 R_1 および R_2 の値を定めればよい．抵抗 R_1 および R_2 の値は 500 kΩ 〜 2 MΩ 程度の値の抵抗が使用されている．

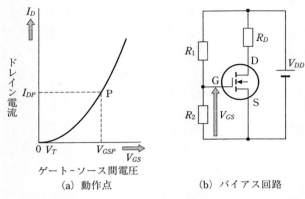

（a）動作点　　　　　　　　（b）バイアス回路

図 6-53　エンハンスメント形 MOS FET のバイアス回路

2　FET による小信号増幅回路

　バイポーラトランジスタによる小信号増幅回路と同様に，FET による小信号増幅回路でも FET が 1 個では十分な利得が得られない．したがって，多段増幅回路による場合が多い．図 6-54 に示す回路は FET による多段増幅回路の 1 段を取り出した回路である．

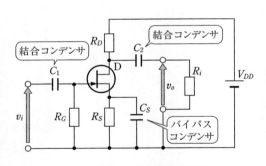

図 6-54　ソース接地増幅回路

　図 6-54 に示した回路のコンデンサ C_1 および C_2 は結合コンデンサで，C_S はバイパス用のコンデンサである．また，抵抗 R_i は次段の入力インピーダンス Z_i が抵抗成分のみとしたものである．次に，図 6-54 に示した回路を直流回路と交流回路とに分けて，バイアスと入力インピーダンスおよび電圧増幅度について調べる．

　図 6-54 に示した回路の直流回路は，図 6-55 に示すような回路となる．

また，図 6-56 に示す回路は，図 6-54 に示した回路に使用する FET の V_{GS}–I_D 特性曲線と仮定する．

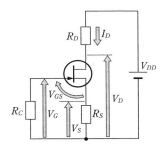

図 6-55 ソース接地増幅回路の直流回路

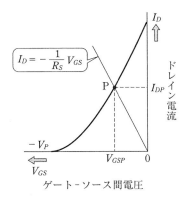

図 6-56 FET の V_{GS}–I_D 特性

図 6-55 に示した回路のバイアスを計算するには抵抗 R_S の値によって定まる FET の動作点を求めなければならない．いま，図 6-56 に示した V_{GS}–I_D 特性曲線に，式 (6-52) から求めた直線，

$$I_D = -\frac{1}{R_S} V_{GS} \qquad (6\text{-}55)$$

を描き交点を求めると，この交点 P が FET の動作点となる．動作点における V_{GS} および I_D をそれぞれ V_{GSP} および I_{DP} とすれば，この回路のバイアスは，$V_G = 0\,\mathrm{V}$ であるから

$$V_{GS}=V_{GSP}=-V_S=-R_S I_{DP}$$
$$I_D=I_{DP}$$
$$V_D=V_{DD}-R_D I_{DP}$$

$$\hspace{10cm}(6\text{-}56)$$

となる.

　交流回路では, 図6-54に示した回路で, コンデンサ C_1, C_2 および C_S のインピーダンスの値が使用する周波数において十分に小さな値の場合, これらのコンデンサのインピーダンスの値を無視して, 図6-57に示す等価回路を描くことができる. この回路の電圧増幅度 A_v の値は, 交流に対する負荷抵抗を R_L として,

$$A_v=\left|\frac{v_o}{v_i}\right|=g_m R_L \hspace{4cm}(6\text{-}57)$$

である.

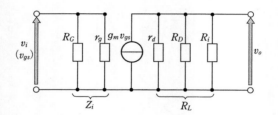

図 6-57　ソース接地増幅回路の等価回路

　図6-57で示した等価回路の R_L は, r_d, R_D, R_i の並列合成抵抗である. r_d は R_D や R_i に比べて十分に大きな値として無視すれば, 式 (6-57) は,

$$A_v=g_m R_L=g_m\frac{R_D R_i}{R_D+R_i} \hspace{3cm}(6\text{-}58)$$

となる.

　また, 入力インピーダンス Z_i は, 抵抗 R_G と r_g の並列合成抵抗であるが, $r_g\gg R_G$ とすれば,

$$Z_i\fallingdotseq R_G \hspace{5cm}(6\text{-}59)$$

である.

　図6-58に示す回路は FET ソース接地の2段増幅回路である. この回路の等価回路は図6-59に示す回路である. FETは入力インピーダンスの値が大きいの

が特徴である．しかし，ゲートにバイアス用の回路が接続されると入力インピーダンスの値は小さくなるという欠点がある．

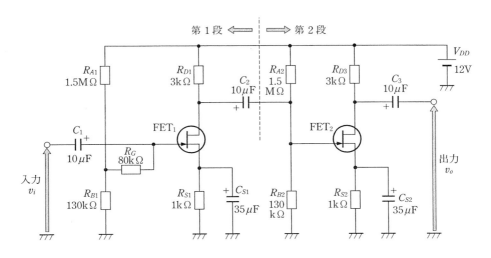

図6-58 ソース接地2段増幅回路

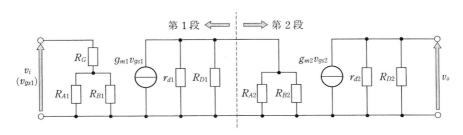

図6-59 ソース接地2段増幅回路の等価回路

図6-58で示した回路では入力インピーダンスの値を高めるために，バイアス用の抵抗 R_{A1} および R_{B1} の接続点から抵抗 R_C によって FET のゲートにバイアスを与えている．この場合の入力インピーダンス Z_i の値は，

$$Z_i = R_G + \frac{R_{A1} R_{B1}}{R_{A1} + R_{B1}} \tag{6-60}$$

となり，$R_G = 0$ のときに比べて抵抗 R_G の分だけ入力インピーダンスの値を高くす

ることができる.

第 1 段目の FET のドレインに接続されている抵抗 R_{D1} は,抵抗 r_{d1} や第 2 段目の入力インピーダンス$(R_{A2}R_{B2}/R_{A2}+R_{B2})$に比べて十分に小さな値のため,第 1 段目の負荷抵抗の値は R_{D1} とみなすことができる.したがって,第 1 段目の電圧増幅度 A_{v1} は,

$$A_{v1} \fallingdotseq g_{m1}R_{D1} \tag{6-61}$$

となる.

また,2 段目の電圧増幅度 A_{v2} は,A_{v1} と同様に求めることができる.全体の電圧増幅度 A_v の値は,

$$A_v = A_{v1} \cdot A_{v2} = g_{m1}R_{D1} \cdot g_{m2}R_{D2} \tag{6-62}$$

となる.

6.3　演算増幅器による増幅回路

演算増幅器(operational amplifier)は,差動増幅回路を小型化するために IC として作った増幅器である.演算増幅器の特徴は大きな値の電圧増幅度をもっていることである.ここでは,FET を用いた差動増幅回路による演算増幅回路について述べる.

図 6-60 に示す回路は IC 内の増幅回路として最もよく使用されている差動増幅回路である.この回路には FET が使用されているがバイポーラトランジスタでも実現できる.これらの演算増幅器の差動増幅回路では,大容量のコンデンサを使用せずにソース接地またはエミッタ接地の増幅器と同じ利得を得ることができる.

図 6-60 (a) で示した回路では入力端子および出力端子がそれぞれ 2 つある.普通,出力は FET$_1$ および FET$_2$ のドレイン間から取り出している.したがって,出力電圧 v_{od} の値は,

$$v_{od} = v_{o1} - v_{o2} \tag{6-63}$$

である.この v_{od} を差動出力電圧と呼んでいる.

また,図 6-60 (b) に示す回路は,図 6-60 (a) に示した回路の小信号等価回路である.ただし,FET の出力インピーダンス r_d は,抵抗 R_{D1} および R_{D2} に比べて十分大きいとして等価回路からは取り除いてある.また,直流定電流源には交流信号

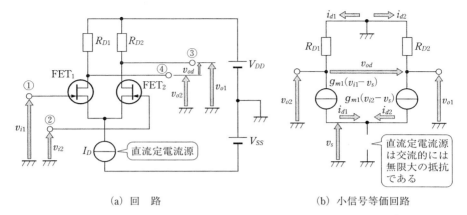

(a) 回 路   (b) 小信号等価回路

図 6-60 FET 差動増幅回路

電流は流れない.したがって,交流的には FET_1 および FET_2 のソース端子は接地されていないことになる.このソース端子の電圧を v_s とする.

差動出力電圧 v_{od} は,次のようにして求めることができる.図 6-60 (b) から次式が成り立つ.

$$\left. \begin{array}{l} v_{o1}=-R_{d2}\,i_{d2}, \quad v_{o2}=-R_{D1}\,i_{d1} \\ i_{d2}=-g_{m2}(v_{i2}-v_s),\; i_{d1}=g_{m1}(v_{i1}-v_s) \\ i_{d1}+i_{d2}=0 \end{array} \right\} \tag{6-64}$$

いま,$R_{D1}=R_{D2}=R_D$, $g_{m1}=g_{m2}=g_m$ として,式 (6-64) から,v_s, i_{d1}, i_{d2} を消去して v_{o1}, v_{o2} と v_{i1} と v_{i2} の関係を求めると,

$$\left. \begin{array}{l} v_{o1}=\dfrac{g_m R_D}{2}\,(v_{i1}-v_{i2}) \\[2mm] v_{o2}=\dfrac{g_m R_D}{2}\,(v_{i2}-v_{i1}) \end{array} \right\} \tag{6-65}$$

が得られる.したがって,差動出力電圧 v_{od} は,

$$v_{od}=v_{o1}-v_{o2}=g_m R_D\,(v_{i1}-v_{i2}) \tag{6-66}$$

となる.

ここで,$v_{i1}-v_{i2}=v_{id}$ を**差動入力電圧** (differential input voltage) と呼ぶ.

図 6-60 に示した回路は等価的に**図 6-61** に示すように表すことができる.2つ

の入力端子①および②の間に加えられた信号電圧の差 v_{id} を増幅して, 2 つの出力
端子③および④の電圧の差 v_{od} として出力する回路である. このように差の電圧を
取り扱うために差動増幅回路と呼んでいる.

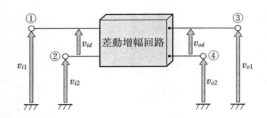

図 6-61　　差動入力電圧 v_{id}, 差動出力電圧 v_{od}

　式 (6-66) から v_{i1} と v_{i2} に共通に含まれている成分は出力に現れないことがわか
る. また, 周囲温度の変化によるドレイン電流 I_D の変化は, i_{d1} および i_{d2} に共通に
含まれる. また, V_{GS} の変化も i_{d1} および i_{d2} に共通に含まれる. これらの変化量は
FET₁ および FET₂ の特性が等しく, また, 2 つの FET の温度変化が同じ場合には,
互いに等しいため出力には影響を及ぼさない. モノリシック IC では同一基板内に
作られる FET の特性をそろえることができる. したがって, 差動増幅器は IC に
適している回路である.

　演算増幅回路は, 図6-62に示すような電気用図記号で表され, 2つの入力端子(反
転入力および非反転入力) と 1 つの出力端子を持っている. また, 普通, 正負の 2 つ
の直流電源を必要とする. 表6-1 に代表的な演算増幅器の特性例を示す. 表6-1 の
中の開放電圧利得とは, 反転入力と非反転入力の間に加えられた電圧の差に対する出
力電圧の比である.

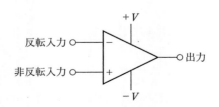

図 6-62　　演算増幅器の電気用図記号

表 6-1 演算増幅器の特性の一例

特 性	記号	条 件	最 小	代表値	最 大	単 位
入力インピーダンス	Z_i			10^{12}		Ω
出力インピーダンス	Z_o	$A_v = 10, f = 10\text{kHz}$		60		Ω
開放電圧利得 [1]	A_v	$f = 1\text{kHz}$ $R_L \geqq 2\text{k}\Omega$	20×10^3	200×10^3		
最大出力電圧	V_{om}	$V_{CC} = 15\text{V}, V_{EE} = -15\text{V}$ $R_L = 2\text{k}\Omega$	± 10	± 12		V
消費電力	P_{DC}			150	300	mW
入力バイアス電流	I_i			30	200	pA

備考(1)：電圧利得の単位は，一般にdBを使用するが，演算増幅器では電圧利得
を電圧増幅度と同様に表す場合が多い.

表6-1からもわかるように演算増幅器の入力インピーダンスの値は非常に大き
く，出力インピーダンスの値は小さい．また，開放電圧利得は非常に大きな値であ
る．そこで，入力インピーダンス Z_i の値を，$Z_i = \infty$，出力インピーダンス Z_o の値
を $Z_o = 0$，開放電圧利得 A_v の値，$A_v = \infty$ と仮定すると，図6-63 に示すように演
算増幅器を表すことができる．

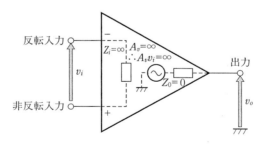

図 6-63 演算増幅回路の等価回路

演算増幅器の内部は，差動増幅回路の後に何段かの増幅回路を重ねて電圧増幅度
を大きくしている．したがって，反転入力と非反転入力のそれぞれの端子は，図6-
64 に示すように差動増幅回路に使用されている 2 つの FET のゲートである．

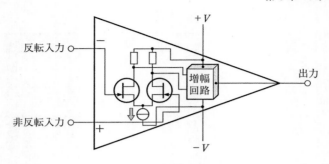

図 6-64　演算増幅器の内部

　演算増幅器はアナログ回路に使用する理想的な増幅器として用いられている．アナログ回路で使用する理想的な増幅器としては，次に示すような項目の特性が要求される．

① 　電圧利得が無限大で，かつ，周波数特性が平坦であること
② 　入力インピーダンスが無限大であること
③ 　出力インピーダンスが 0 であること
④ 　オフセット電圧および電流が 0 であること
⑤ 　雑音の発生がないこと

などである．

　演算増幅器は上に示した理想的な増幅器の特性に近い特性が得られるICが製造されるようになり，アナログ回路の増幅器として広く使用されている．演算増幅器は図6–60に示したように差動増幅器が基本となっている．演算増幅器は反転入力端子または非反転入力端子から入力を加え，出力は出力端子から取り出している．

　演算増幅器を用いた増幅回路の動作を説明する前に，演算増幅器の基本的な動作について述べる．演算増幅器を用いて図6–65に示す回路を組み立てる．図6–65に示したように演算増幅器の反転入力端子（−）に入力抵抗 R_s を接続する．また，反転入力端子（−）から出力端子間にフィードバック抵抗 R_f を接続する．また，非反転入力端子（＋）は抵抗 R_c を通して接地する．

　この回路に，入力電圧 V_i を加えると反転入力端子（−）に電圧が加わる．しかし，演算増幅器の非反転入力端子（＋）が接地されているため，反転入力端子（−）も接地レベルとなり，ちょうど，反転入力端子と非反転入力端子とが短絡されているのと同じ状態となる．この状態を**バーチュアルショート**（virtual short：仮想短絡）と

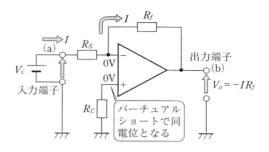

図 6-65　オペアンプ IC の基本動作

呼んでいる.

　したがって，入力端子に加わっている入力電圧の値が V_i であるから，入力抵抗 R_s に流れる電流 I の値は，

$$I = \frac{V_i}{R_s} \tag{6-67}$$

となる.

　しかし，演算増幅器の反転入力端子 (−) の入力抵抗の値は無限大に近い値のために，反転入力端子 (−) には電流 I は流れ込むことはできない. そこで，電流 I はフィードバック抵抗 R_f を通って出力端子に向かって流れる. したがって，出力端子に生じる出力電圧 V_o の値は，

$$V_o = I R_f \tag{6-68}$$

となる.

　このように演算増幅器には反転入力端子 (−) と非反転入力端子 (+) 間の入力抵抗の値は無限大であるが，バーチュアルショートにより演算増幅器の反転入力端子 (−) および非反転入力端子 (+) とは，常に同じ値の電圧になろうとする性質がある. 以上に示した演算増幅器の基本動作を基にして演算増幅器の動作について考える.

❶　反転増幅回路

　反転増幅回路は，図6-66に示すような回路が用いられている. いま，入力抵抗を R_s，フィードバック抵抗を R_f とし，この回路に入力電圧 V_i を加えた場合の反転増幅回路の増幅度 A_o の値を求める. 図 6-66 で示した増幅回路は，非反転入力端

子（＋）が接地されているため，反転入力端子（－）も接地レベルとなっている．したがって，入力端子 (a) に入力電圧 V_i を加えると入力抵抗 R_s には電流 I_1 が流れる．しかし，電流 I_1 は演算増幅器の反転入力端子には流れ込むことができない．したがって，フィードバック抵抗 R_f を通って出力端子に向かって流れる．

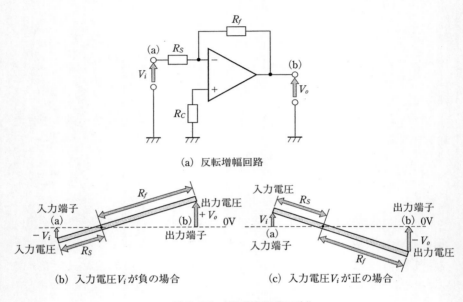

(a) 反転増幅回路

(b) 入力電圧V_iが負の場合 　 (c) 入力電圧V_iが正の場合

図 6-66　反転増幅回路の動作

　出力端子に生じる電圧 V_o の値は，フィードバック抵抗 R_f による電圧降下 $I_1 R_f$ だけ反転入力端子より電圧が降下している．したがって，出力端子には反転入力端子が接地レベルのため生じる出力電圧 V_o の値は $-I_1 R_f$ となる．また，入力端子 (a) に電圧を加えなければ非反転入力端子（＋）が接地されているため反転入力端子（－）も接地レベルとなっている．したがって，入力抵抗 R_s およびフィードバック抵抗 R_f には電流は流れない．フィードバック抵抗 R_f に電流が流れないと抵抗 R_f による電圧降下は生じず，出力電圧 V_o の値は 0 となる．

　反転増幅回路の増幅度 A_o は，入力電圧 V_i と出力電圧 V_o の比から求められる．この増幅度 A_o を求めると，

$$V_i = I_1 R_s, \quad V_o = -I_1 R_f \tag{6-69}$$

$$A_o = \frac{V_o}{V_i} = \frac{-I_1 R_f}{I_1 R_s} = -\frac{R_f}{R_s} \tag{6-70}$$

と求めることができる.

式 (6-70) からもわかるように演算増幅器を用いた増幅器の増幅度 A_o は, 演算増幅器の外部に接続されている入力抵抗 R_s およびフィードバック抵抗 R_f の抵抗の値によって定まる. したがって, 増幅度の正確さは式 (6-70) で示されているように回路に使用している抵抗器の誤差の値によって定まる.

❷ 非反転増幅回路

また, 演算増幅器による非反転増幅回路は, 図6-67に示すように入力電圧を演算増幅器の非反転入力端子 (＋) に加える. しかし, 演算増幅器の非反転入力端子の入力抵抗の値は大きい. したがって, 電流は演算増幅器の非反転入力端子に流れ込むことはできない.

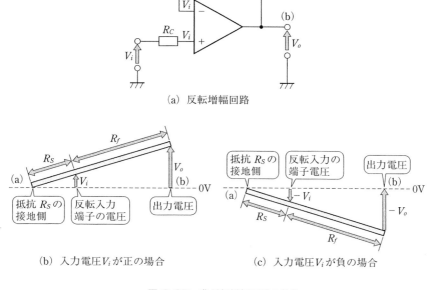

(a) 反転増幅回路

(b) 入力電圧 V_i が正の場合   (c) 入力電圧 V_i が負の場合

図 6-67 非反転増幅回路の動作

　一方，反転入力端子（−）にはバーチュアルショートにより非反転入力端子に加わっている入力電圧 V_i と同じ値の電圧が生じている．したがって，出力端子には反転入力端子（−）に接続されている入力抵抗 R_s とフィードバック抵抗 R_f により分圧された電圧の値が入力電圧 V_i となるような出力電圧 V_o が出力端子に生じている．

　この関係は図 6-67 に示したように接地されている入力抵抗 R_s の一端を基準として入力電圧 V_i と出力電圧 V_o の値は抵抗 R_s および R_f の比によって定まる．したがって，入力電圧 V_i と出力電圧 V_o との関係を示すと，

$$V_i = V_o \frac{R_s}{R_s + R_f} \tag{6-71}$$

となる．

　また，非反転増幅回路の増幅度 A_o は，

$$A_o = \frac{R_s + R_f}{R_s} = 1 + \frac{R_f}{R_s} \tag{6-72}$$

となる．

　非反転増幅回路も，式 (6-72) で示すように演算増幅器の外部に接続されている抵抗 R_s およびフィードバック抵抗 R_f の値によって定める．また，非反転増幅回路で図 6-68 に示すように分圧用の抵抗 R_s を取り外した回路を**ボルテージホロワ**（voltage follower）と呼び，入力電圧 V_i の値と常に等しい出力電圧 V_o が得られる．ボルテージホロワ回路の特徴は演算増幅器の非反転入力端子の入力抵抗の値が非常に大きな値となるため，増幅回路の入力インピーダンスの値を演算増幅器の入力端子の入力抵抗の値と同じ大きな値にすることができる．

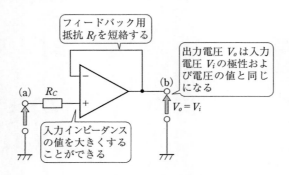

図 6-68　ボルテージホロワ回路

❸ 差動増幅回路

差動増幅回路は，これまで述べた反転増幅回路と非反転増幅回路の両方の回路を用い，図6-69に示す回路により差動増幅回路を作ることができる．図6-69に示したように差動増幅回路は，2つの入力電圧の差を増幅することができるため差動増幅回路と呼んでいる．

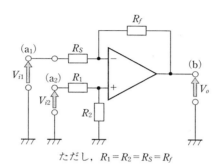

ただし，$R_1 = R_2 = R_S = R_f$

図6-69　差動増幅回路

まず，反転増幅回路の増幅度 A_{o1} は，式 (6-70) より，

$$A_{o1} = -\frac{R_{f1}}{R_{s1}} \tag{6-73}$$

となる．

また，非反転増幅回路の増幅度 A_{o2} は，入力電圧 V_{i2} の値を抵抗 R_1 と R_2 とにより分圧しているため，非反転増幅回路の増幅度 A_{o2} は，

$$A_{o2} = \frac{R_2}{R_1 + R_2} \cdot \frac{R_s + R_f}{R_s} \tag{6-74}$$

となる．

いま，$R_1 = R_s$，$R_2 = R_f$ とすると，

$$A_{o2} = \frac{R_f}{R_s + R_f} \cdot \frac{R_s + R_f}{R_s} = \frac{R_f}{R_s} \tag{6-75}$$

となる．

したがって，出力電圧 V_o の値は，

$$\frac{V_o}{V_{i1}} = -\frac{R_f}{R_s} \ , \quad \frac{V_o}{V_{i2}} = \frac{R_f}{R_s} \tag{6-76}$$

となり，

$$V_o = -\frac{R_f}{R_s}V_{i1} + \frac{R_f}{R_s}V_{i2}$$

から

$$V_o = \frac{R_f}{R_s}(V_{i2} - V_{i1}) \tag{6-77}$$

となり，2 つの入力電圧 $V_{i2} - V_{i1}$ の差を増幅している．

　しかし，実用上注意することは，図 6-69 に示した回路で差動増幅器として動作させるためには，入力電圧V_{i1}を取り外して入力回路を開放すると差動増幅器として動作しなくなる．したがって，入力端子を接地するか，または入力信号源を接続したままとしておかなければならない．

　また，図6-69に示した差動増幅回路では，入力信号源の内部抵抗の値が0か，もし，信号源の内部抵抗の値が大きければ信号源の内部抵抗の値を入力抵抗R_sの値の中に含ませて計算する必要がある．

　演算増幅器を動作させるために加える電源電圧は，一般には，図6-70に示すように正および負の電源電圧を加えている．また，演算増幅器を使用するに際して注意することは，定められている最大定格値を守り過電圧を加えたり，また，過電流を流さないように注意する．演算増幅器の定格には表6-2に示すような電気的特性が定められている．

　演算増幅器を用いた回路を組み立てる際に注意することは，演算増幅器は先に述べたように，その増幅度は非常に大きい．したがって，正および負の電源回路には必ずバイパス用のコンデンサを用い，電源からのノイズや誘導電圧等による影響を取り除く必要がある．

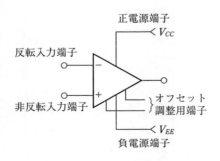

図 6-70　オペアンプの端子

表 6-2　演算増幅器の特性の一例

（a）絶対最大定格（$T_a = 25$℃）の一例

項　目	記　号	最大定格値	単　位
電源電圧	V_{DD}	$+18$	V
	V_{EE}	-18	V
許容損失	P_T	500	mV
入力電圧	V_{in}	± 15	V
差動入力電圧	$V_{in(diff)}$	± 30	V
動作温度	T_{opr}	$-75 \sim +75$	℃
保存温度	T_{stg}	$-65 \sim +150$	℃

（b）電気的特性（$V_{DD} = -V_{EE} = 15$V，$T_a = 25$℃）

項　目	記　号	測定条件	単　位
入力オフセット電圧	V_{IO}	$R_s \leqq 10$kΩ	mV
入力オフセット電流	V_{IO}		nA
入力バイアス電流	I_I		nA
電源安定度	$\Delta V_{IO}/\Delta V_{CC}$	$R_s \leqq 10$kΩ	μ/V
	$\Delta V_{IO}/\Delta V_{EE}$	$R_s \leqq 10$kΩ	μ/V
電圧利得	A_{VD}	$R_s \leqq 2$kΩ，$V_{out} = \pm 10$V	dB
同相弁別比	C_{MR}	$R_s \leqq 10$kΩ	dB
同相入力電圧範囲	V_{CM}	$R_s \leqq 10$kΩ	V
最大出力電圧振幅	$V_{OP\text{-}P}$	$R_s \leqq 10$kΩ	V
		$R_L \geqq 2$kΩ	V
消費電力	P_T	無負荷時	mW
スルーレイト	SR	$R_L \geqq 2$kΩ	V/μs
立ち上がり時間	t_r	$V_{in} = 20$mV，$R_L = 2$kΩ $C_L = 100$pF	μs
オーバシュート	V_{over}		%
入力抵抗	R_{in}		MΩ

　演算増幅器に加える電源電圧には正および負の電圧を用いている．したがって，出力電圧 V_o も正および負の出力を得ることができる．しかし，演算増幅器は差動増幅器を使用しているため，反転入力端子および非反転入力端子にはオフセット電流が流れる．したがって，入力抵抗によるオフセット電圧が生じる．このオフセット電圧のために入力電圧の値が 0V であっても出力端子には出力電圧が現れる．

　そこで，演算増幅器の入力電圧の値が 0 V の場合，出力電圧の値を 0 V に調整するための，オフセット調整用の端子が設けられている演算増幅器がある．このような演算増幅器ではオフセット調整用端子に接続されている可変抵抗器により入力電圧の値が 0 V の場合，出力電圧の値を 0 V にすることができる．

　これまでは演算増幅器の特性を理想的な特性としてきた．しかし，現実には演算増幅器の特性は有限の値である．例えば，演算増幅器の増幅度の値は非常に大きな値であっても，交流電圧を増幅する場合，交流電圧の周波数の値が高くなるにつれて演算増幅器の増幅度の値は小さくなる．

　また，増幅する信号レベルが小さくなると入力回路のオフセット電圧やオフセット電流の影響を受ける．演算増幅器を用いた増幅器で大電流出力や大振幅の出力電圧が必要であっても，一般に使用されている演算増幅器では電源電圧を ± 15 V とした場合，出力振幅は ± 12 V 程度の値である．また，演算増幅器から取り出すことができる電流の値は 10 mA 程度と小さな値である．

第 6 章　練習問題

6・1　トランジスタを用いた基本増幅回路には，どのような種類の増幅回路があるか．

6・2　トランジスタを用いた基本増幅回路で，電圧増幅度 A_v の値が200の場合，電圧増幅度をデシベルで表すと，どのように表されるか．

6・3　エミッタ接地増幅回路に用いられているバイアス回路には，どのような種類のバイアス回路があるか．

6・4　下図に示す固定バイアス増幅回路で，電源電圧 V_{CC} = 9 V，コレクタ電流 I_C = 1 mA としたとき，バイアス抵抗 R_B の値はいくらにすればよいか．ただし，直流電流増幅率 h_{FE} = 100，ベース-エミッタ間電圧 V_{BE} = 0.6 V とする．

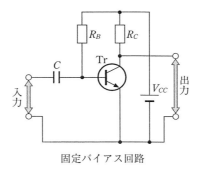

固定バイアス回路

6・5　直流電流増幅率 h_{FE} と小信号電流増幅率 h_{fe} とには，どのような違いがあるか．

6・6　増幅回路のインピーダンス整合とは何か．

6・7　トランジスタを用いた電力増幅回路は, バイアスのかけ方により分類さ
　　　れている. バイアスのかけ方の違いによる電力増幅回路にはどのような方
　　　式の電力増幅回路があるか.

6・8　接合形 FET を用いた基本増幅回路には, どのような増幅回路があるか.

6・9　接合形 FET のバイアス回路には, どのようなバイアス回路があるか.

6・10　演算増幅器の理想的な特性とはどのような特性か.

第 **7** 章

発振回路と変調および復調回路

　発振回路では, 医療機器などに使用されている1Hz以下の低い周波数からラジオ放送やテレビジョン放送などに使用されている高い周波数の交流まで発生させることができる. また, われわれが情報を伝達する方法として携帯電話やラジオ放送およびテレビジョン放送などの電気通信を用いている. これらの電気通信は無線通信により行われている. 第7章では, 無線通信により電気通信を行うために用いられている発振回路と変調および復調回路について述べる.

7.1　発振回路

　発振回路により, 正弦波交流や非正弦波交流をつくり出す電子回路を**発振回路**（oscillation circuit）と呼んでいる. 発振回路の原理として私たちがよく経験することで, 図7-1に示すような電気回路でマイクロホンをスピーカに近づけて行くとスピーカからキーンという大きな音が出るハウリング現象が生じることがある. この現象は発振回路の動作原理によく似ている. 次に, 発振回路について考えていく.

1　発振回路の基礎
　発振とは何か, また, 発振回路はどのような原理により発振が行われているかについて考えてみる.

(1)　ハウリング現象
　図7-1に示した回路でハウリング現象が生じる原因を調べると,

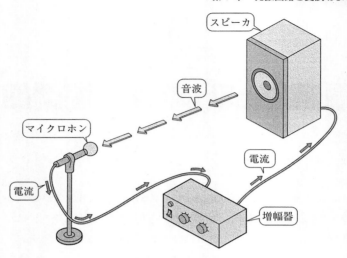

図 7-1　マイクロホンとスピーカとによるハウリング

① マイクロホンに人の声や雑音が入り，増幅器で増幅されて音としてスピーカから出てくる.

② 図 7-1 に示したようにマイクロホンがスピーカの近くにあるとスピーカからの音の出力が再びマイクロホンの入力となる.

③ スピーカからマイクロホンに入ってきた音の大きさが，最初にマイクロホンに入った音より大きいと，この音が再び増幅回路で増幅されるためマイクロホンへの入力がますます大きくなり，スピーカからの音の出力は増幅器の増幅度の限界まで増大する.

④ このとき外部から音声や雑音が途絶えても，ほんのわずかな時間だけ遅れて出てくるスピーカからの出力が，マイクロホンの入力となるため，この循環作用は途絶えることはない.

　この結果，使用されている増幅器の性能いっぱいの出力が連続してスピーカから出てくることになる．このような現象を**ハウリング**（howling）**現象**と呼び，このハウリング現象は発振現象の一種である.

　ハウリング現象による発振の循環経路について調べると，マイクロホンは入力される音波を電気振動に変換し，また，スピーカは電気入力を音波に変換している．この電気回路ではスピーカとマイクロホンとの間は音波により結合されている．こ

のようにマイクロホンから増幅回路を通り，スピーカまでは電気回路により結合されている．

　ここで音波による結合回路を取り除き，増幅器の出力の電気信号を図7-2に示す破線の電気回路により増幅器の出力を，直接，増幅器の入力に返すことにより循環回路を作ることができる．この循環回路は図7-3に示すように増幅器の出力の一部を入力に戻すように接続をして，電気振動だけによる循環回路を作ったものである．

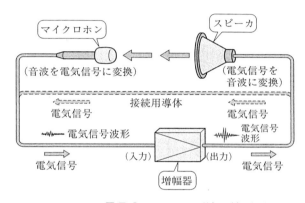

図7-2　ハウリング現象の循環経路

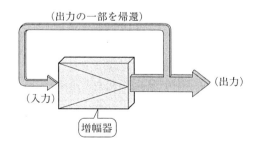

図7-3　帰還をかけた増幅回路

　いま，増幅器の電源スイッチを閉じると，最初に雑音などにより増幅器の内部に発生した電気振動が循環を繰り返すことにより，電気振動が持続されて発振回路となる．これが発振回路の原形である．

（2）　発振回路の原理

　発振回路の原理図は，図7−4に示すように変成器結合の増幅回路を用いた発振回路である．この回路で，いま，入力端子 a の入力電圧が図7-4に示した①のような波形であると，トランジスタのコレクタ電圧は，位相が反転した②に示すような波形となる．変成器のコイルの巻線が一次側と二次側とが巻き方が互いに反対向きであれば，二次側の出力端子 b には③に示すような出力電圧波形が生じる．

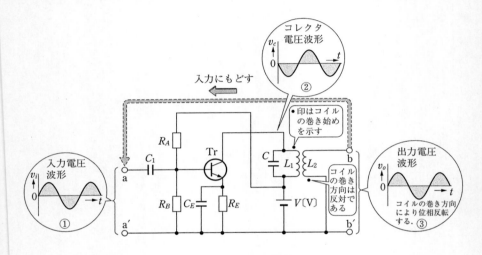

図 7-4　発振回路の原理図

　図 7-4 の③で示した波形は①で示した波形と同じ位相である．そこで増幅回路の出力端子 b と入力端子 a とを結べば出力端子 b から戻ってくる③で示した電圧により入力電圧が維持される．したがって，出力も連続して得ることができる．図7-4 で示した発振回路は，入力電圧 v_i と，出力電圧 v_o から帰還される電圧が同相であるため正帰還回路となる．

　このように，変成器結合による増幅回路の入力と出力との位相を考慮して，帰還回路を作り発振回路を作ることができる．しかし，単に入力と出力とを接続するだけでは発振しない場合がある．回路が発振するためには図7-5に示すように出力電圧 v_o が時間とともに減衰しないように，帰還電圧 v_f の値が元の入力電圧 v_i の値より大きいか，等しくなければならない．

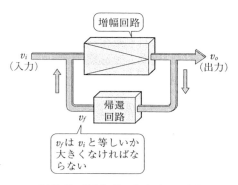

図 7-5 発振回路の入力電圧の条件

（3） 発振の条件

発振回路を図 7-6 で示す帰還増幅回路で表して発振の条件を求めると, まず, 増幅回路の電圧増幅度を A_v, 帰還回路の帰還率を β とすると, 図 7-6 に示した増幅回路の入力電圧 v_i と, 帰還電圧 v_f との間には,

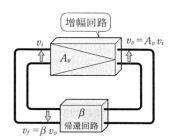

図 7-6 帰還増幅回路の電圧増幅度と帰還率

$$v_f = A_v v_i \beta \tag{7-1}$$

の関係がある. 帰還電圧 v_f を入力電圧として利用し, 出力を維持するためには帰還電圧 v_f と入力電圧 v_i が同相でなければならない. 発振の条件としては,

①　$A_v \beta$ の位相角は 0 である.

次に v_f の大きさが v_i の大きさより大きいか等しくなければならない. したがって,

②　$A_v \beta \geqq 1$ でなければならない.

この2つの条件①, ②を同時に満たすとき, 図7-6 に示した回路は発振回路とな

る．②の条件において $A_v\beta > 1$ であるならば，増幅回路の出力が次第に大きくなる．このまま進むと増幅器の出力は無限に大きくなりそうであるが，実際の増幅回路では出力がある値を超えると飽和して振幅の増大を妨げ，その結果増幅回路の利得が下がり発振の振幅は一定の値となる．

（4）　単一周波数の発振

発振回路の中で発生した循環電圧や循環電流には無数の周波数成分を含んでいる．そのため，特定の値の周波数を発振する発振回路を作るには，図 7-7 に示すように特定の値の周波数だけが効率良く出力される周波数の選択回路を帰還回路に挿入し，特定の単一周波数のみが循環できるようにする．

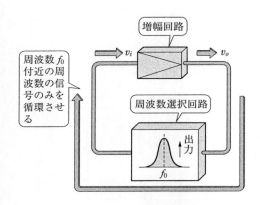

図 7-7　周波数選択回路

一般に帰還回路にコイルやコンデンサおよび抵抗器などの素子を用いて周波数の選択性を持たしている．図 7-4 で示した回路ではコイル L_1 とコンデンサ C とによる並列共振回路（同調回路）が周波数の選択回路となっている．したがって，コイル L_1 またはコンデンサ C の値を変えることにより発振周波数の値を変えることができる．

（5）　発振回路の分類

発振回路は，周波数を選択する周波数選択回路を構成する素子により，次に示すように分類することができる．

① *LC* 発振回路：コイル *L* とコンデンサ *C* とによる発振回路.

② *CR* 発振回路：コンデンサ *C* と抵抗 *R* とによる発振回路.

③ 水晶発振回路：*LC*発振回路のコイル*L*の代わりに水晶振動子を使用した発振回路.

④ ＶＣＯ（電圧制御発振器）：電圧制御によりコンデンサ*C*の値を変化させて発振周波数を制御する発振回路.

次に，これら個々の発振回路について述べる.

❷ *LC* 発振回路

LC 発振回路には，コイルとコンデンサの使い方により反結合形, ハートレー形およびコルピッツ形などの発振回路が作られている.次に,それぞれの発振回路の動作原理と実際の回路について述べる.

(1) 反結合発振回路

反結合発振回路の動作原理は, **図 7-8** に示すように 2 組のコイル L_1 および L_2 が, 相互インダクタンス *M* で結合して帰還回路を構成している発振回路である.この発振回路を反結合発振回路と呼んでいる. 反結合発振回路に用いられているトランジスタの負荷は, コレクタに接続されているコイルL_1とコンデンサ*C*とによる共振回路である.このため,共振周波数に近い振動電流に対しては共振回路のインピーダンスの値は大きくなる.

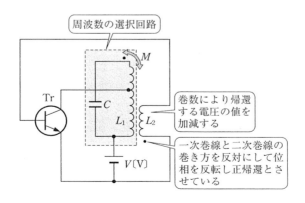

図 7-8 反結合発振回路

したがって, それ以外の周波数の振動電流に対しては, インピーダンスの値が小さいためにトランジスタのコレクタが交流的に接地されることになる. そのためコイル L_2 に誘導されトランジスタのベースに帰還される電流は, コイル L_1 とコンデンサ C による共振周波数の値に近いものだけとなる. したがって, この発振回路の発振周波数 f は次式で表すことができる.

$$f = \frac{1}{2\pi\sqrt{L_1 C}} \tag{7-2}$$

図 7-8 に示した反結合発振回路のコレクタに接続されている共振回路の Q の値が大きいと, 図 7-9 (a) に示すように共振周波数に近い周波数のみが入力側に帰還され, 周波数の選択性が良くなり発振周波数は安定する.

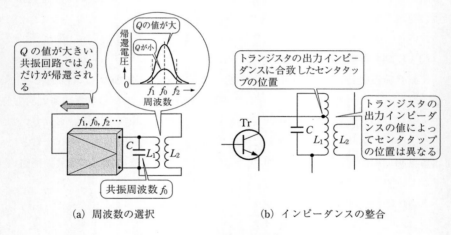

(a) 周波数の選択　　　　　　　(b) インピーダンスの整合

図 7-9　共振回路の Q とインピーダンス整合

しかし, この共振回路に出力インピーダンスの値が小さなトランジスタ回路が並列に接続されると, 共振時のインピーダンスの値が小さくなり実効的な Q の値が低下して発振周波数の値が不安定となる. そこで, 図 7-9 (b) に示すようにコイル L_1 にセンタタップを設け, このセンタタップにトランジスタのコレクタを接続してトランジスタ回路とのインピーダンス整合を行っている.

実際に使用されている反結合形発振回路の一例として, 図 7-10 に示すような発振回路がある. この発振回路の発振周波数は, コイル L_1 の中に挿入されている鉄心の位置を変えることにより, コイル L_1 の値を変えて周波数の値を変化させる

ことが可能である．また，発振回路の出力を安定させるために，エミッタ抵抗 R_E を接続する．エミッタ抵抗 R_E の値を大きくすると出力の値は小さくなる．しかし，図 7–11 に示すように発振波形は正弦波に近くなる．この発振回路は FM ワイヤレスマイクロホンやラジオ受信機の周波数変調回路などによく使用されている．

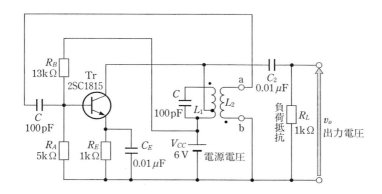

図 7-10　エミッタ接地コレクタ同調反結合発振回路の一例

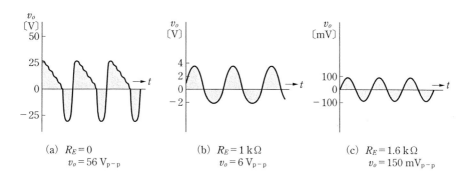

図 7-11　コレクタ抵抗 R_E の値と発振波形

（2）　ハートレー発振回路

反結合形発振回路では相互誘導作用で結合した 2 つのコイルを用いて帰還を行ったが，1 つのコイルのセンタからタップを出して帰還させることができる．図 7-12 に示す回路において信号源の信号電圧の方向がいずれの向きであっても，セ

ンタタップの点 c から見たコイルの点 a および点 b の電圧の位相は 180°の位相差を持っている．したがって，図7-4で示した発振回路でコイル L_1 と L_2 の巻き方向を逆に巻いた場合と同じ効果が現れる．M はコイル L_1 と L_2 間の相互インダクタンスの値である．

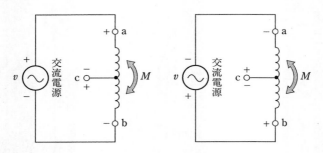

(a) 入力電圧が +, − の場合　　　(b) 入力電圧が −, + の場合

図 7-12　コイルのセンタタップ

　図7-12に示したセンタタップの付いたコイルを使用して発振回路を構成させると，図7-13に示す発振回路となる．この発振回路をハートレー（Hartley）発振回路と呼び，発振周波数 f の値は次式で表される．

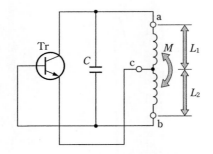

図 7-13　ハートレー発振回路の構成

$$f = \frac{1}{2\pi\sqrt{(L_1 + L_2 + 2M)C}} \tag{7-3}$$

　ハートレー発振回路の各電極間リアクタンスは，図7-14に示す回路で表される．ただし，X はそれぞれの素子のリアクタンスである．

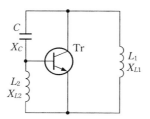

図 7-14　ハートレー発振回路の各電圧間リアクタンス

　なお，周波数の値が高くなってくると，トランジスタの電極間容量（ベース-エミッタ間，コレクタ-エミッタ間）が，コイル L_1 および L_2 とに並列に加わり発振しにくくなる．したがって，この発振回路の発振周波数の上限は 30MHz 程度の周波数で，ラジオ受信機の局部発振回路などに用いられている．

　実際に使用されているハートレー発振回路の一例を示すと，図 7-15 に示すような発振回路が用いられている．この発振回路ではトランジスタのベースへの帰還量は，コイル L_1 および L_2 の巻数比によって定まる．また，エミッタ回路の抵抗 R_E とコンデンサ C_E との働きは，反結合形発振回路の場合と同じである．コンデンサ C_B の役割はベースとコレクタの直流の電位が異なる．したがって，直流分を通さないための直流分阻止用のコンデンサとして使用されている．

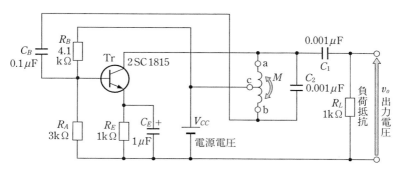

図 7-15　エミッタ接地ハートレー発振回路の一例

（3）　コルピッツ発振回路

　ハートレー発振回路では，入力への帰還のために用いる $180°$ の位相差を持った信号電圧を得る方法として，センタタップを基準としたコイルの両端に生じる信号

電圧を使用している．同じようなことをコンデンサを使用して行うことができる．
図 7-16 に示す回路において信号源の信号電圧の方向はいずれであっても，コン
デンサ回路の中間点 c から見た点 a および点 b の電圧は 180°の位相差を持ち，図
7-8 で示したコイル L_1 と L_2 の巻き方向を逆にした場合と同じ効果がある．

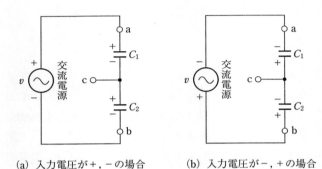

(a)　入力電圧が＋, −の場合　　　(b)　入力電圧が−, ＋の場合

図 7-16　コンデンサの中間タップ

　このコンデンサを用いた回路により発振回路を構成させると，図 7-17 に示す
発振回路を作ることができる．この発振回路をコルピッツ（Colpitts）発振回路と呼
び，発振周波数 f は次式で表される．

$$f = \frac{1}{2\pi\sqrt{L\{C_1 C_2/(C_1+C_2)\}}} \tag{7-4}$$

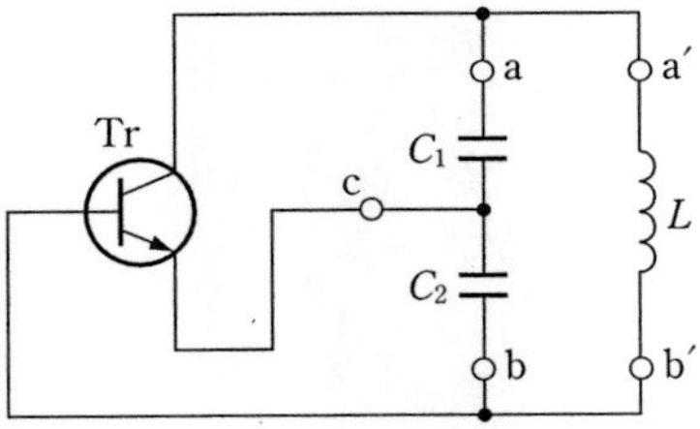

図 7-17　コルピッツ発振回路

　コルピッツ発振回路の各電極間のリアクタンス X は，図 7-18 に示すように表
すことができる．ただし，リアクタンス X はそれぞれの素子のリアクタンスであ
る．コルピッツ発振回路の発振周波数はハートレー発振回路に比べて安定である．

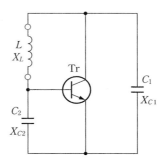

図 7-18　コルビッツ発振回路の電極間リアクタンス

また，200MHz 程度までの発振周波数が得られる．したがって，搬送波などのような高周波を発生させる発振回路などに使用されている．

　実際に使用されているコルビッツ発振回路を示すと，図 7-19 に示すような発振回路が使用されている．この発振回路ではコンデンサ C_1 および C_2 との中間点から直流電源を加えることができない．したがって，コレクタ抵抗 R_c を通してコレクタに電流を流している．コンデンサ C_3 はコレクタとベースとの直流電圧を分離するために接続されている．

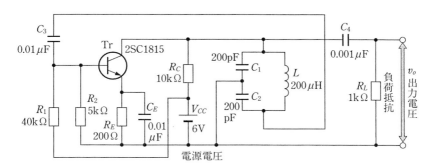

図 7-19　エミッタ接地コルビッツ発振回路の一例

❸ CR 発振回路

CR 発振回路にはブリッジ形と移相形とがある．ここでは，ブリッジ形 CR 発振回路の動作原理と実際に使用されている発振回路の一例を述べる．

（1） ウイーンブリッジ形発振回路の原理

ウイーンブリッジ（Wien bridge）形発振回路の原理図は，図 7-20 に示す回路である．この発振回路の帰還回路はインピーダンス Z_1 と Z_2 とで構成される．インピーダンス $\dot{Z}_1$ および $\dot{Z}_2$ は次式に示すようになる．

$$\dot{Z}_1 = R + \frac{1}{j\omega C} = \frac{j\omega CR + 1}{j\omega C} \tag{7-5}$$

$$\dot{Z}_2 = \frac{R \times (1/j\omega C)}{R + (1/j\omega C)} = \frac{R}{j\omega CR + 1} \tag{7-6}$$

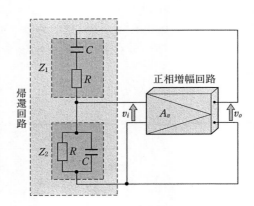

図 7-20　ウィーンブリッジ形発振回路の原理

増幅回路入力電圧を v_f，出力電圧を v_o とすれば帰還率 β は，

$$\beta = \frac{v_f}{v_o} = \frac{\dot{Z}_1}{\dot{Z}_1 + \dot{Z}_2} = \frac{1}{3 + j(\omega CR - 1/\omega CR)} \tag{7-7}$$

となる．先に述べた発振の条件①から $A_v\beta$ の位相角は 0 でなければならない．β の位相角が 0 であるためには，式（7-7）の分母の虚数部が 0 でなければならない．これから次式が得られる．

$$\omega CR = \frac{1}{\omega CR} \tag{7-8}$$

式 (7-8) から $\omega CR = 1$ となり, $\omega = 2\pi f$ から周波数 f は,

$$f = \frac{1}{2\pi CR} \tag{7-9}$$

となる.

　このときの β の値は $1/3$ となるため, 増幅回路の増幅度 A_v の値は発振の条件が $A_v\beta \geqq 1$ から,

$$A_v \geqq 3$$

となる.

　この発振回路の発振条件は2つの抵抗 R または2つのコンデンサ C の値を連動させて変化させることにより, 発振周波数を容易に変化させることが可能である. したがって, 可変周波数の低周波発振回路としてよく使用されている.

　実際に使用されているウィーンブリッジ形発振回路の一例を示すと, 図 7-21 に示すような回路が使用されている. この発振回路は電圧帰還形のウィーンブリッジ形発振回路で, コンデンサと抵抗, C_1 と R_1, C_2 と R_2, R_s, R_f とによって, 図 7-21 (b) に示すようなブリッジ回路を構成している. このため, ブリッジ形発振回路と呼ばれている. 図 7-21 で示した発振回路は C_1 と R_1, C_2 と R_2 とで正帰還回路を構成し, 抵抗 R_s と R_f と演算増幅器とを用いて利得が3.1倍の正相増幅回路を構成している.

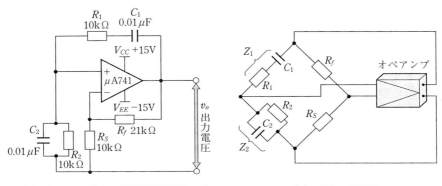

(a) ウィーンブリッジ形発振回路の一例　　　(b) ブリッジ回路

図 7-21　ウィーンブリッジ形発振回路

4　水晶発振回路

　これまで述べた LC 発振回路や CR 発振回路では発振周波数の値が, 温度や電源電圧等の値の変化により影響を受けて変わりやすく安定度が悪い. これに対して水晶発振回路は, 水晶片を用いて発振周波数の安定化をはかった発振回路である. ここでは水晶発振回路の動作原理や実際に使用されている発振回路について述べる.

（1）　水晶振動子

　水晶片を図 7-22（a）に示すように組み立てた部品を**水晶振動子**（crystal vibrator）と呼び, 図7-22（b）に示す記号で表している. この水晶片に図7-23（a）に示すように外部から圧縮力や引張力を加えると水晶片の表面に電荷が発生する. また, 図7-23（b）に示すように外部から水晶片に電界を加えると, 水晶片自体に伸びたり縮んだりする変形力が発生する. これを**圧電効果**（piezoelectric effect）と呼び, このような現象を**圧電現象**と呼んでいる.

　水晶振動子の等価回路を考える場合, 図7-24（a）に示す回路で圧電現象を考えると, まず, スイッチSをa側に倒して水晶片に電圧を加えて機械的なひずみを起こさせる. 次に, スイッチ S を b 側に倒すと水晶片は圧電現象によって振動を起こし, 図 7-24（b）に示すように振動電流 i が回路に流れる.

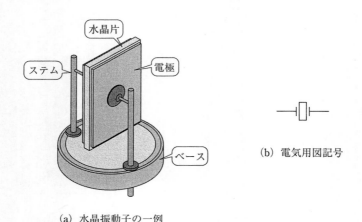

（a）水晶振動子の一例

（b）電気用図記号

図 7-22　水晶振動子

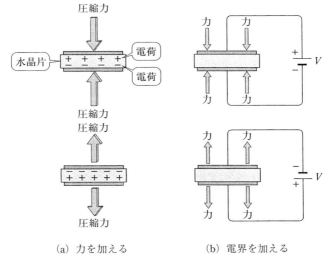

(a) 力を加える   (b) 電界を加える

図 7-23 圧電効果

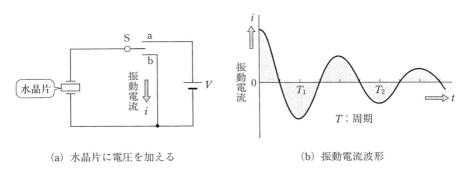

(a) 水晶片に電圧を加える   (b) 振動電流波形

図 7-24 水晶片の弾性振動

　この回路に流れる振動電流 i の周波数はその水晶片の固有振動数であり，非常に高い周波数である．そして，この微弱な電流の変化は図 7-25 に示す直列共振回路の共振電流と似ている．したがって，図 7-26 (a) に示す水晶振動子の電気的な等価回路は，図 7-26 (b) に示すように直列共振回路と同じように表すことができる．水晶振動子の共振周波数付近での Q の値は，$Q = \omega L_0 / r_0 = 10\,000 \sim 1\,000\,000$ となり，非常に Q の値の大きな直列共振回路とみなすことができる．

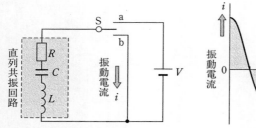

（a）直列共振回路に電圧を加える

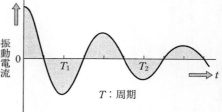

（b）振動電流波形

図 7-25　直列共振回路の振動

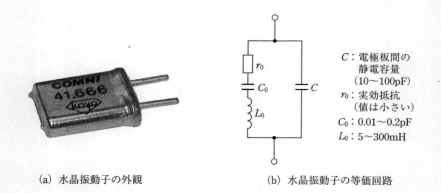

（a）水晶振動子の外観　　　　　　　　（b）水晶振動子の等価回路

図 7-26　水晶振動子

　図7-26（b）に示したような共振回路の周波数に対するリアクタンス特性を示す
と，図 7-27 に示すようになる．ただし，実効抵抗 r_0 の値は非常に小さいため無
視してある．また，f_0 は C_0, L_0 の直列共振回路の共振周波数（直列共振周波数）で
ある．周波数 f_∞ は電極板間容量 C と，C_0, L_0 による並列回路の共振周波数（並列
共振周波数）である．水晶振動子は f_0 と f_∞ の間で誘導性リアクタンスの性質を表
す．周波数 f_0 と f_∞ の大きさは，それぞれ，

$$f_0 = \frac{1}{2\pi\sqrt{L_0 C_0}} \tag{7-10}$$

$$f_\infty = \frac{1}{2\pi\sqrt{L_0\left(\dfrac{C_0 C}{C_0 + C}\right)}} \tag{7-11}$$

となる．

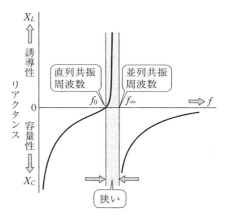

図 7-27　水晶振動子のリアクタンス特性

　水晶振動子では $C_0 \ll C$ であるため，$f_0 \fallingdotseq f_\infty$ となり，f_0 と f_∞ の差は非常に小さい．水晶振動子はハートレー発振回路の L の代わりに使用されるので，f_0 と f_∞ の間の狭い周波数帯域で生じる誘導性の部分を使用して発振を行っている．

（2）　水晶発振回路の種類と特徴

　水晶発振回路は水晶振動子と誘導性リアクタンスを LC 発振回路のコイル L として使用することにより構成される．図 7-28 (a) に示す発振回路はハートレー発振回路の L を水晶振動子に置き換えたもので，ピアス（Pierce）BE 発振回路と呼ばれている．図 7-28 (b) に示す回路はコルピッツ発振回路の L を水晶振動子に置き換えた発振回路でピアス CB 発振回路と呼んでいる．

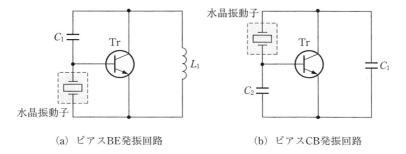

（a）ピアスBE発振回路　　　　（b）ピアスCB発振回路

図 7-28　水晶発振回路の種類

　いずれの発振回路においても水晶振動子は誘導リアクタンスとして働く．これは周波数の上では f_0 と f_∞ の間であり，その間隔は非常に狭い．そのためひとたび発振した水晶発振回路は，$f_0 \sim f_\infty$ の周波数を保つことになり，周波数の変動が小さな発振回路を作ることができる．

　温度変化によるトランジスタの定数の変化，水晶振動子以外の L, C に変化があっても水晶発振回路の周波数の変動の割合は $10^{-4} \sim 10^{-7}$ で，LC 発振回路の $10^{-3} \sim 10^{-4}$ に比べて非常に小さな値である．しかし，水晶振動子の温度が変化すると発振周波数の値も変わる．したがって，より安定した周波数を得るためには水晶振動子を恒温槽に入れるなどして温度を一定に保つ必要がある．

　図 7-29 に示す発振回路は実際に使用されているピアス BE 発振回路の一例である．コレクタの共振回路が図 7-28 (a) に示した L_1 に相当する．L_1 を共振回路にするのはインピーダンスの値を高くすることができることと，出力が取り出しやすいためである．しかし，この共振回路のリアクタンスは誘導性でなければならない．

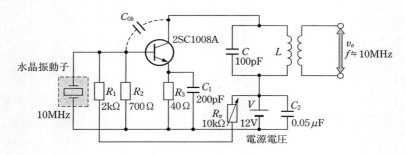

図 7-29　ピアス BE 発振回路の一例

　図 7-30 (a) に示す LC 並列共振回路のインピーダンスは，周波数の変化に対して図 7-30 (b) に示すような特性となる．並列共振周波数 f_∞ より低い周波数では誘導リアクタンスとなり，並列共振周波数 f_∞ より高い周波数では容量性リアクタンスとなる．

　このことから並列共振回路の周波数が，水晶発振回路の周波数よりわずかに高い共振周波数となるように L, C の値を定めると，発振周波数に対して並列共振回路は誘導性リアクタンスとなる．発振回路の出力は図 7-30 (c) に示すように並列共振回路の誘導性リアクタンスの成分が大きくなるにつれて出力も大きくなる．

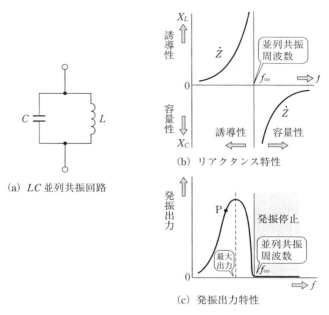

(a) LC 並列共振回路

(b) リアクタンス特性

(c) 発振出力特性

図 7-30 *LC* 並列回路のリアクタンス

　しかし，発振周波数が f_∞ よりわずかでも高くなると並列共振回路は容量性リアクタンスとなるために発振は停止してしまう．そのため出力が最大の位置では発振が不安定となる．したがって，出力の値が最大の位置からやや下がった点 P で動作するように調整して用いている．

　図 7-28 (a) で示した静電容量 C_1 は，図 7-29 で示した発振回路ではトランジスタ内部のコレクタ出力容量 C_{0b} が容量 C_1 に変わる．ピアス BE 発振回路では水晶振動子に対してトランジスタの入力インピーダンスが並列に入るため，高い周波数では発振しにくいといった欠点がある．したがって，ピアス BE 発振回路は15MHz程度までの発振周波数が利用されている．このようにピアス BE 発振回路は，トランシーバやコードレス電話などの送信回路で，搬送波を発生させる場合などに用いられている．

　図 7-31 に示す発振回路はピアス CB 発振回路の一例である．この発振回路のコレクタ共振回路は，図 7-28 (b) に示した発振回路の C_1 の代わりであるから，そのリアクタンスは容量性でなければならない．図 7-28 (b) の回路で示した C_2 は，

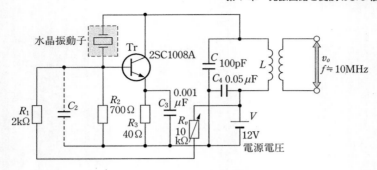

図7-31　ピアスCB発振回路の一例

トランジスタ内部のベース–エミッタ間の容量が利用されている. また, この発振回路は水晶振動子の周波数が奇数倍で発振させる回路(オーバトーン発振回路)などに用いられている. ピアスCB発振回路では75MHz程度の発振周波数を得ることができる.

5 VCO 発振回路

発振回路の発振周波数を可変とするには, 可変容量コンデンサや可変抵抗器などを用いて変化させている. ここでは, これらの機械的に可動させる電気部品を使用せずに電子的に発振周波数を可変することができる発振回路について述べる.

(1) 電圧制御発振回路 (VCO)

電圧制御発振回路(voltage controlled oscillator)は電圧を変化させることにより発振周波数を制御する発振回路である. LC発振回路は式(7-2), (7-3), (7-4)に示したように発振回路のLとCとによって定まる. したがって, LまたはCの値を電圧によって変えることができる素子を用いると, 素子に加える電圧の値によって発振周波数の値を調整できる発振回路を作ることができる.

電圧の値によって容量の値を変えることができる半導体素子に可変容量ダイオードがある. この可変容量ダイオードD_vを用いたVCO回路の一例を図7-32に示す. この発振回路のL, C_1, C_2, C_3, C_4およびD_vの容量の値が発振周波数の値を定める. この場合, 制御電圧V_{CONT}の端子に加える直流電圧の値を変化させると, 可変容量ダイオードD_vの静電容量の値が変化して発振周波数の値も変化する.

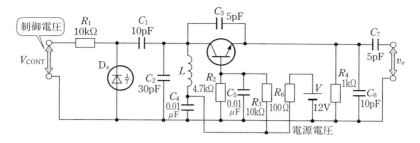

図 7-32　可変容量ダイオードを用いた VCO 回路の一例

（2）　電圧制御発振回路（VCO）の応用

VCO の応用として PLL（phase locked loop：位相同期ループ）発振回路がある．このPLL発振回路の考え方を図7-33に示す．図7-33に示した位相比較器（phase comparator）は，基準となる周波数f_sの信号と VCO 出力の信号の位相や周波数を比べ，それらに違いがあれば，その違いに相当した誤差信号電圧V_dを出力する．誤差信号電圧V_dは増幅器により増幅されたのち，VCO に制御電圧 V_{CONT} 端子に制御電圧として入力され，VCO の発振周波数f_0を制御する．

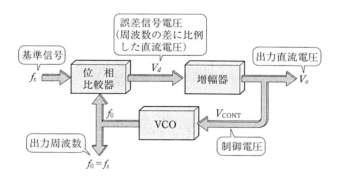

図 7-33　PLL 発振回路の原理

① 　$f_0 > f_s$ の場合

いま，VCO の周波数f_0が基準周波数f_sよりも高い場合を考える．位相比較器ではf_0とf_sとを比べてその誤差の大きさに応じて，$f_0 > f_s$の場合，出力は正の誤差信号V_dを出力するものとする．このとき，誤差信号V_dを増幅した正の電圧により制御電圧 V_{CONT} の電圧の値が高くなると，VCO の発振周波数の

値は低くなる．したがって，位相比較器の出力誤差電圧の値も小さくなる．このようにして $f_s \fallingdotseq f_0$ になるまで制御電圧 V_{CONT} に加わる電圧の値により VCO の発振周波数が変化する．

② $f_0 < f_s$ の場合

　VCO の周波数 f_0 が基準周波数 f_s よりも低い場合には，①の場合とは逆の動作が行われ，常に $f_s \fallingdotseq f_0$ となるように制御される．すなわち，出力周波数 f_0 を基準周波数 f_s に常に一致させるように動作する．したがって，基準周波数 f_s を変えれば出力周波数は f_s の変化に追従して変化する．

　また，このとき出力直流電圧 V_0 値は基準周波数 f_s の変化量に比例している．これを利用することにより周波数変調の復調を行うことができる．

　PLL 回路の応用として，図 7-34 に示すように水晶発振回路を用いて多くの安定周波数を得る回路で，**周波数シンセサイザ**（frequency synthesizer）と呼ばれている．図 7-34 に示した**分周器**（frequency divider）は，入力周波数を $1/m$（または $1/n$）倍にして出力する回路で，分周比 m, n は外部から任意に設定することができる．

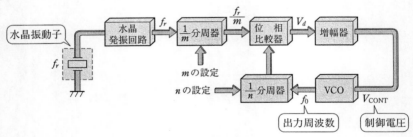

図 7-34　周波数シンセサイザ

　動作原理は，図 7-33 に示した PLL とまったく同じで位相比較器の2つの入力信号の周波数の値が一致するように，VCO の発振周波数が制御される．その結果

$$\frac{f_r}{m} = \frac{f_0}{n} \tag{7-12}$$

が成り立つ．したがって，式 (7-12) から VCO の出力周波数 f_0 は，

$$f_0 = \frac{n}{m} f_r \tag{7-13}$$

となる．f_r を安定な水晶発振回路で発振させておけば，分周器の分周比 m, n の値

を適当に設定することにより,多くの安定な周波数を得ることができる.周波数シンセサイザは,多チャネルの無線送信機の周波数源として利用されている.

 ## 7.2 変調回路および復調回路

　情報を伝達する方法として携帯電話やラジオおよびテレビジョン等の電気通信を用いている.電気通信を行うためにはアンテナから効率良く放射される100 kHz程度以上の高い周波数の電流に,情報として伝える音声周波数 (20 Hz 〜 20 kHz) のような低い周波数の電流を含ませ,これを電波として空中に放射している.ここでは電気通信に欠くことのできないこれらの変調および復調回路の原理や方法や実際に使用されている回路について述べる.

1 変調および復調の基礎

　情報の伝達の手段として電波を用いる場合,情報を電波に乗せて送るために変調が行われている.また,電波に乗って送られてきた情報を取り出すためには送られてきた電波を復調して情報を取り出さなければならない.ここでは,電波の変調と復調についての原理とその種類について述べる.

(1) 変調および復調の意味

　変調とは送りたい情報を電気信号に変えて信号波とする.信号波は一般に周波数が低いためアンテナから効率良く放射させることができない.そこで,信号波を効率良くアンテナから放出することができる 100 kHz 以上の電波と組み合わせて送られている.この信号波を効率良く送り出すために利用する高い値の周波数の電気振動を**搬送波** (carrier) と呼んでいる.

　振幅や周波数が一定である搬送波に,情報をもった信号波を含ませる操作を**変調** (modulation) といっている.この搬送波を変調して得られた電気振動を**変調波** (modulated wave) と呼んでいる.

　変調波には信号波の成分のほかに搬送波の成分も含まれている.したがって,受信側では必要とする信号波成分のみを取り出す必要がある.送られてきた変調波から信号波を取り出すことを**復調** (demodulation) または**検波** (detection) と呼んでいる.

（2）　変調および復調の種類

　搬送波として図 7-35 に示すような正弦波を用いる場合と，パルス波を用いる場合とがある．搬送波 v_c が正弦波交流電圧であれば次式に示すように表される．

$$v_c = V_{cm} \sin (2\pi f_c t + \theta) \qquad\qquad (7\text{-}14)$$

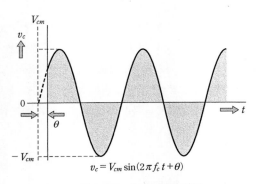

$$v_c = V_{cm} \sin(2\pi f_c t + \theta)$$

図 7-35　正弦波交流電圧

　変調を行うに際して，信号波によって振幅 V_{cm}，周波数 f_c，位相角 θ のいずれを変えるかで 3 つの変調方式が考えられる．

① 　**振幅変調**（amplitude modulation，略して AM）

　　搬送波の振幅 V_{cm} を信号波の大きさで変化させる変調方式である．この方式の変調は AM ラジオやテレビジョンの映像の放送などに用いられている．

② 　**周波数変調**（frequency modulation，略して FM）

　　搬送波の周波数 f_c を信号波の大きさで周波数を変化させる変調方式である．この方式の変調は，FMラジオ放送やテレビジョンの音声の放送などに用いられている．

③ 　**位相変調**（phase modulation，略して PM）

　　搬送波の位相角 θ を信号波の大きさで変化させる変調方式である．この方式の変調は，主に無線通信に使用されている．

　これまでに述べたそれぞれの変調波の波形は，**図 7-36** (a)，(b)，(c) に示すような波形となる．また，搬送波にパルス波を用いる場合を**パルス変調**（pulse modulation）と呼んでいる．

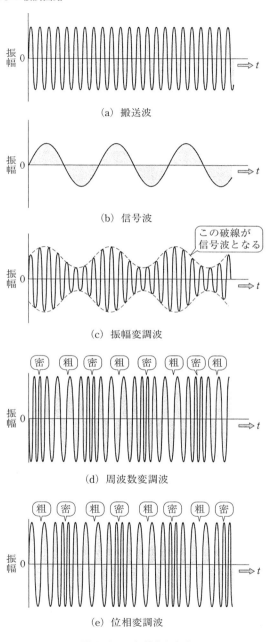

（a）搬送波

（b）信号波

この破線が
信号波となる

（c）振幅変調波

密 粗 密 粗 密 粗 密 粗

（d）周波数変調波

粗 密 粗 密 粗 密 粗 密

（e）位相変調波

図 7-36　各種変調方式の波形

2 振幅変調および復調

　ここでは搬送波の振幅を変化させて信号を送る振幅変調の基礎と，振幅変調された変調波から信号波を取り出す復調について述べる．

（1）振幅変調の基礎

　振幅変調（AM）とは，図 7-37（a）に示すように搬送波の振幅を，図 7-37（b）に示すような信号波により，図 7-37（c）に示すような波形に変化させる変調方式である．いま，搬送波 v_c と信号波 v_s を，

$$v_c = V_{cm} \sin 2\pi f_c t \tag{7-15}$$

および

$$v_s = V_{sm} \sin 2\pi f_s t \tag{7-16}$$

とする．

　変調波 v_o は搬送波 v_c の振幅 V_{cm} を信号波 v_s によって次のように変化させる．

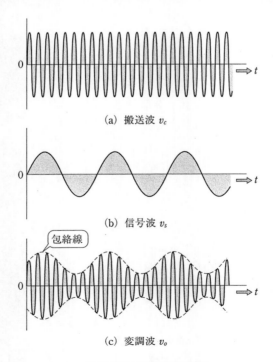

（a）搬送波 v_c

（b）信号波 v_s

包絡線

（c）変調波 v_o

図 7-37　振幅変調の波形

$$v_o = (V_{cm} + V_{sm} \sin 2\pi f_s t) \sin 2\pi f_c t \tag{7-17}$$

となる.

式 (7-17) の ( ) 内の式, $V_{cm} + V_{sm} \sin 2\pi f_s t$ は, 変調波の振幅の変化を表し, 図 7-37 (c) の破線で示すような曲線である. この曲線を変調波の包絡線 (envelope) と呼び, 信号波の波形と同じ形である.

式 (7-17) を変形すると,

$$v_0 = V_{cm} \sin 2\pi f_c t + \frac{V_{sm}}{2} \cos 2\pi (f_c - f_s)t - \frac{V_{sm}}{2} \cos 2\pi (f_c - f_s)t \tag{7-18}$$

となる.

式 (7-18) から変調波は搬送波の周波数 f_c のほか, $(f_c - f_s)$ と, $(f_c + f_s)$ の 3 つの周波数を含むことがわかる. この $(f_c - f_s)$ を下側波, $(f_c + f_s)$ を上側波と呼び, その振幅は $V_{sm}/2$ である.

また, 式 (7-18) では, 信号周波数 f_s は単一周波数であるが, 実際には信号波は多くの周波数成分を含んでいる. この場合, 下側波および上側波は帯域幅をもつことになる.

振幅変調における変調波の各周波数成分を表すと, 図 7-38 に示すように各周波数成分を表したものを周波数スペクトル (frequency spectrum) と呼んでいる. 周波数スペクトルは, 信号波に含まれている周波数成分の大きさによってその形が変わる. また, 図 7-38 (b) に示すように変調波の含む最も低い周波数から最も高い周波数までの周波数幅を占有周波数帯幅 (occupied bandwidth) と呼んでいる.

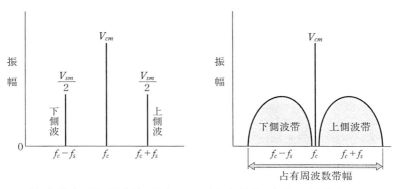

(a) 信号波が単一周波数の場合 　(b) 信号波が多くの周波数成分を含む場合

図 7-38 振幅変調波の周波数スペクトル

（2）　変調度および変調率

信号波の振幅 V_{sm} と搬送波の振幅 V_{cm} との比をとり，

$$m = \frac{V_{sm}}{V_{cm}} \tag{7-19}$$

とし，この m を**変調度**（modulation factor）と呼んでいる．また，これを百分率で表したものを**変調率**と呼ぶ．

$$変調率 = \frac{V_{sm}}{V_{cm}} \times 100 \ 〔\%〕 \tag{7-20}$$

式 (7-20) を変調度 m を用いて表すと，次に示すようになる．

$$v_o = V_{cm}(1 + m \sin 2\pi f_s t)\sin 2\pi f_c t \tag{7-21}$$

図 7-39 に示すように v_o の最大振幅を a，最小振幅を b とすれば，式 (7-21) から，

$$\left. \begin{array}{l} a = (1+m)V_{cm} \\ b = (1-m)V_{cm} \end{array} \right\} \tag{7-22}$$

となり，式 (7-22) から V_{cm} を消去して m を求めると，

$$m = \frac{a-b}{a+b} \tag{7-23}$$

と表すことができる．

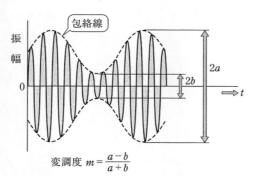

図 7-39　変調度

変調度 m は，搬送波に対する信号の大きさの割合を表し，その値がわかると**図 7-40**に示すような変調波となる．特に $m > 1$ の状態を**過変調**（over modulation）と呼び，過変調では信号波がひずむため普通は使用しない．

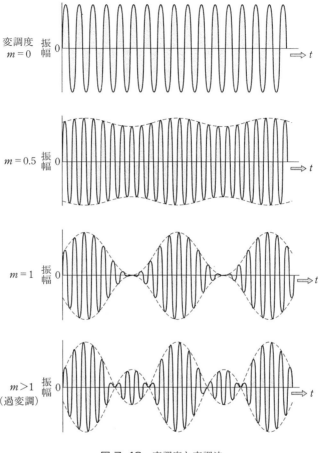

図 7-40 変調度と変調波

（3） 振幅変調波の電力

振幅変調における変調波の電力は，式（7-18）で表される変調波を図7-41に示すように抵抗 R に加えたとすると，搬送波電力 P_c は次式に示すようになる．

$$P_c = \frac{(V_{cm}/\sqrt{2}\,)^2}{R} = \frac{V_{cm}^2}{2R} \tag{7-24}$$

上側波電力 P_U，下側波電力 P_L は，

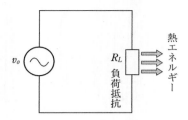

図 7-41　変調波の電力

$$P_U = P_L = \frac{(V_{sm}/2\sqrt{2})^2}{R} = \frac{V_{sm}^2}{8R} = \frac{m^2 V_{cm}^2}{8R} = \frac{m^2}{4} P_c \tag{7-25}$$

となる．したがって，変調波の総電力 P_T は，

$$P_T = P_c + P_U + P_L = P_c \left(1 + \frac{m^2}{2} \right) \tag{7-26}$$

となる．

　このように変調波の電力は変調度 m により変化し，情報を含んでいない搬送波が，変調波全体の電力を占めていることがわかる．

（4）　振幅変調回路の種類

　搬送波の振幅を信号波の振幅により変化させるための回路を振幅変調回路と呼んでいる．よく使用されている振幅変調回路にはベース変調回路とコレクタ変調回路とがある．ベース変調回路は，図 7-42（a）に示すように搬送波を増幅しているトランジスタのベースに信号波の電圧を加える変調回路で，信号波の電力が小さくてすむといった特徴がある．

　コレクタ変調回路は，図 7-42（b）に示すように搬送波を増幅しているトランジスタのコレクタ電圧に信号波の電圧を加えて変調する回路である．この変調回路は，ベース変調に比べて信号波に大きな電力を必要とする．

（5）　ベース変調回路の原理

　図 7-43 に示す回路はベース変調の原理を示し，図 7-44 に実際に使用されているベース変調回路の一例を示す．図 7-44 に示した回路で，トランジスタ Tr の

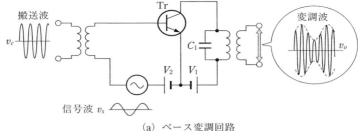

(a) ベース変調回路

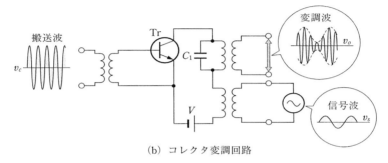

(b) コレクタ変調回路

図 7-42 変調回路

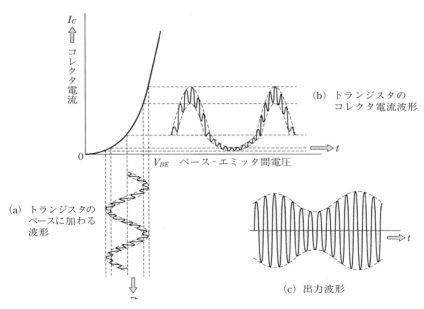

図 7-43 ベース変調回路の各部の波形

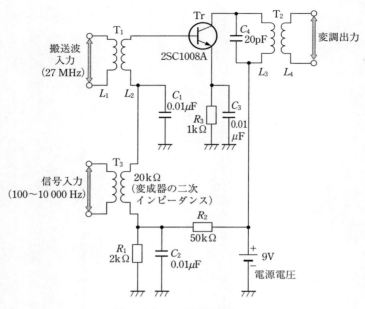

図 7-44　ベース変調回路の一例

ベースには搬送波と信号波との和の電圧が加えられて変調が行われている.

　トランジスタのベース-エミッタ間電圧 V_{BE} とコレクタ電流 I_C との関係は, 図 7-43 で示したような V_{BE}-I_C 特性をもっている. このとき図 7-44 に示したトランジスタ Tr のベースには, 図 7-43 (b) に示したような搬送波と信号波との電圧を加え合わせた電圧が加わる. そのため, トランジスタ Tr のコレクタ電流の波形は, 図 7-43 (b) に示したような波形となり, 信号波に重ね合わせた搬送波の振幅が変化する.

　図 7-44 に示した回路のコイル L_3 とコンデンサ 20pF で構成される同調回路は搬送波の周波数に共振しており, 出力には図 7-43 (c) に示したような変調波が現れる. ベース変調では信号波の振幅は小さくてすむが V_{BE}-I_C 特性のわん曲部を利用しているため, 入力信号と変調波の包絡線とでは完全に相似とはならず, ひずみを受けやすいといった欠点がある.

3 振幅変調波の復調

(1) 復調回路の動作原理

振幅変調された変調波から信号波を取り出すために図7-45に示すような振幅検波回路が用いられている．この検波回路の動作を考えてみると，

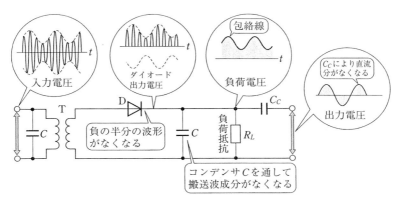

図7-45 振幅検波回路の動作

① 変成器 T を通して振幅変調波の電圧をダイオード D に加える．

② ダイオード D は，信号の順方向の成分は通すが逆方向の成分は通さない．したがって，ダイオードを流れる電流は図7-45 (b) に示すように順方向に沿った片側だけとなる．

③ 検波回路で検波された出力から搬送波の周波数成分を取り除くためにコンデンサ C が接続されている．このコンデンサ C は搬送波に対しては小さなインピーダンスとなり，包絡線の信号波の周波数に対しては大きなインピーダンスとなるような値が選ばれている．したがって，搬送波成分はコンデンサ C を通して流れ，出力端子には現れない．

④ コンデンサ C に並列に抵抗 R_L を接続すると，図7-46 に示すようにコンデンサ C はダイオード出力の搬送波の半周期で充電され，とぎれた半周期の期間中に充電された充電電荷が抵抗 R_L を通して放電される．

このため，抵抗 R_L の両端の電圧は図7-46 に示した変調波の包絡線の形に近い電圧波形となり，図7-45 (c) に示したような信号出力が得られる．

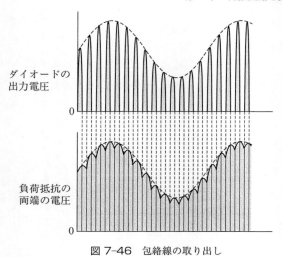

ダイオードの
出力電圧

0

負荷抵抗の
両端の電圧

0

図7-46　包絡線の取り出し

（2）　検波用ダイオードと復調回路の種類

　振幅変調されている変調波を復調するには，ほとんどの場合ダイオードの順方向特性を利用して包絡線の部分を取り出す方法が用いられている．ダイオードには多くの種類があり，復調（検波）用としては図7-47に示すような検波用のダイオードが用いられている．検波用のダイオードには点接触ダイオードとpn接合ダイオードとがあるが，接合容量C_jの値が小さく高周波回路に使用できるゲルマニウム点接触形のダイオードが適している．

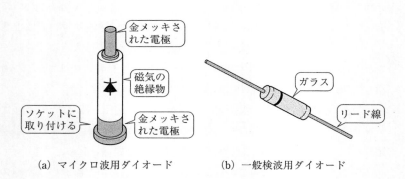

金メッキさ
れた電極

磁気の
絶縁物

ソケットに
取り付ける

金メッキさ
れた電極

ガラス

リード線

（a）マイクロ波用ダイオード　　　　（b）一般検波用ダイオード

図7-47　検波用ダイオードの外観

　ダイオードの整流特性は，一般に図7-48に示すような特性である．この整流特性のうち順方向特性のわん曲している①の部分を利用する検波方法を二乗検波と呼ぶ．また，②の直線部分を利用する検波方法を直線検波と呼んでいる．二乗検波は変調波の振幅が小さい場合に使用され，直線検波は変調波の振幅が大きい場合に使用されている．

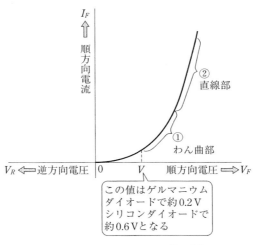

図7-48　ダイオードの整流特性

　直線検波は図7-49に示すように，ダイオードの整流特性の直線的な部分を使用して変調波の包絡線の部分を取り出す検波方式である．直線検波では二乗検波よりも大きな振幅の変調波が必要であるが，整流特性の直線部分を使用するため出力のひずみが少ない．したがって，一般の検波回路に広く使用されている．この直線検波回路の一例を図7-50に示す．

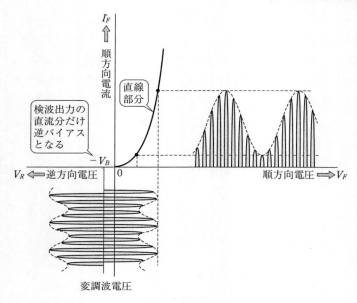

図 7-49　直線検波

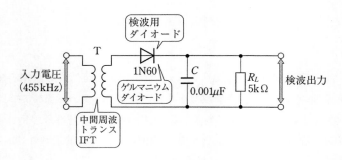

図 7-50　直線検波回路

7.3 周波数変調および復調

搬送波の周波数を信号波の振幅の大きさにより搬送波の周波数の値を変えて変調を行う周波数変調の基礎と，周波数変調された変調波から信号波を取り出す復調回路の基礎について述べる．

1 周波数変調（FM）

(1) 周波数変調の波形と偏移

周波数変調は，搬送波の振幅を一定に保ったまま信号波の振幅によって搬送波の周波数を変化させる方式である．信号波の振幅が大きな場合には搬送波の周波数の値が高くなるように対応させると，搬送波・信号波・変調波は図7-51に示すような波形となる．

いま，搬送波 v_c の値と信号波 v_s の値とを，

$$\left.\begin{array}{l} v_c = V_{cm}\sin 2\pi f_c t \\ v_s = V_{sm}\cos 2\pi f_s t \end{array}\right\} \tag{7-27}$$

と表すと，周波数変調では変調波 v_o の周波数は信号波 v_s によって変化を受ける．

このように，信号波 v_s によって周波数がずれることを**周波数偏移**（frequency deviation）と呼び，周波数変調では変調波の周波数 f は，

$$f = f_c + k_f V_{sm}\cos 2\pi f_s t \tag{7-28}$$

と表される．ただし，k_f は周波数の偏移の大きさを表す定数である．

信号波電圧 v_s が0の場合には，変調波の周波数は f_c であり，この周波数 f_c を中心周波数と呼んでいる．信号波電圧 v_s の振幅が最大のとき周波数偏移も最大となる．この周波数偏移の最大値を最大周波数偏移と呼ぶ．

最大周波数偏移を Δf とすれば，変調波の周波数 f は，

$$f = f_c + \Delta f\cos 2\pi f_s t \tag{7-29}$$

となる．

式（7-28）より $\Delta f = k_f V_{sm}$ である．また，変調波 v_o は，

$$v_o = V_{cm}\sin(2\pi f_c t + m_f\sin 2\pi f_s t) \tag{7-30}$$

となる．

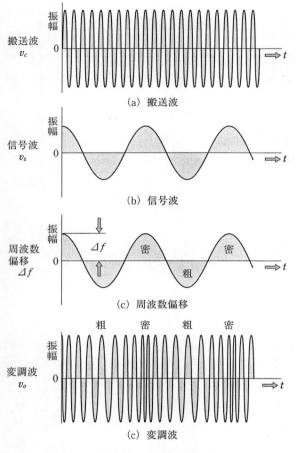

(a) 搬送波

(b) 信号波

(c) 周波数偏移

(c) 変調波

図 7-51　周波数変調波形

ここで,

$$f = \frac{\Delta f}{f_s} \tag{7-31}$$

で表される m_f を**変調指数**(modulation index)と呼んでいる. これは, 周波数変調における変調のかかり具合いの目安となる値である.

変調波 v_o に含まれる周波数成分には, f_c, $f_c \pm f_s$, $f_c \pm 2f_s$, $f_c \pm 3f_s$, ……のように側波が図 **7-52** に示すように無限に存在している. 高次の側波の振幅は次第に小さくなるため, 実際にはすべての側波が必要ではない. しかし, 周波数変調の占有

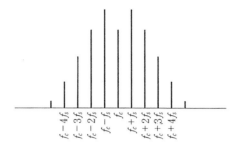

図 7-52 周波数変調波の周波数スペクトル

周波数帯幅は,振幅変調波に比べて広くなる.実用的には占有周波数帯幅は最大周波数偏移と信号波の最高周波数の和の 2 倍程度でよく,この場合の占有周波数帯幅 B は,

$$B = 2(\Delta f + f_s) \tag{7-32}$$

となる.

　周波数変調は,振幅変調の振幅の大きさの変化に相当するものが変調波の周波数の偏移となり,信号波の周波数の高低に相当するものが変調波の周波数偏移の速さとなっている.

(2) 周波数変調回路

　周波数変調を行う場合,信号波の振幅によって搬送波の周波数の値が変わるようにする必要がある.そのため,発振回路の発振周波数を定める回路の定数を,信号波の振幅の大きさによって変えるようにすればよい.

　例えば,図 7-53 に示すように共振回路のコンデンサとしてコンデンサマイクロホンを使用したり,可変容量ダイオードを用いることにより音声信号を共振回路

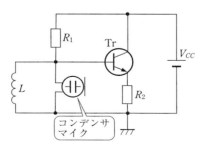

図 7-53 周波数変調回路の原理図

のコンデンサの容量の変化に置き換えると，それに伴って発振周波数が変化して周波数変調が行われる．

　図 7-54 に示す回路は，周波数変調回路の一例である．この回路は先に述べた電圧制御発振器（VCO）を用いた周波数変調回路である．ダイオード D_v は可変容量ダイオードで，ダイオードの両端に加わる逆方向のバイアス電圧の大きさによって，図7-55に示すように可変容量ダイオードの内部の静電容量の値が変化する．

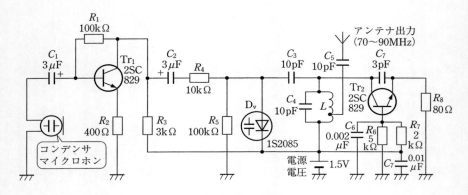

図 7-54　VCO を用いた周波数変調回路の一例

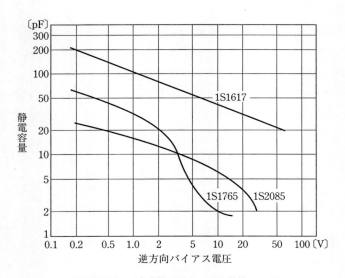

図 7-55　可変容量ダイオードの特性の一例

発振回路は，ベース接地コルピッツ発振回路で，その発振周波数の値は，主にコイルL，コンデンサC_1，C_2および可変容量ダイオードD_vの内部静電容量の値によって定める．コンデンサマイクロホンに加えられた音声は増幅され，可変容量ダイオードD_vに加わる．したがって，音声電圧の高低によって可変容量ダイオードの内部容量の値が変化することになる．そのため共振回路の定数が変化して発振周波数が偏移する．すなわち，搬送波の周波数が信号波電圧によって偏移したことになり周波数変調を行うことができる．

2 周波数変調波の復調

周波数変調波の復調は，変調波の周波数の偏移を振幅の変化に変換しなければならない．これにはLC共振回路を利用する方法と，PLL発振回路を利用する方法とがある．

（1） *LC* 共振回路を利用した周波数変調波の復調

図7-56 (a) に示す回路は，LC並列共振回路を用いた周波数変調波の復調回路である．図7-56 (b) に示すLC並列共振回路の共振曲線の傾斜の部分を利用して，次に示すように周波数の偏移を振幅の変化に変換している．

① 周波数変調波の中心周波数をf_cとすると，f_cが共振曲線の傾斜の中央部になるようにする．

② 変調波の周波数偏移$\pm \Delta f$によって共振回路の両端の電圧は$\pm \Delta V$だけ変化する．つまり，周波数の偏移が電圧の変化となるため周波数変調波が振幅変調波に変わる．

③ この電圧をダイオードDによって振幅検波を行えば，検波出力が得られる．C，R_Lは，図7-45で示した動作と同じ働きである．このようにLC共振回路を利用して周波数変調波を復調する回路には，**レシオ（ratio）検波回路**や，**ピークディファレンシャル（peak differential）検波回路**などがある．

（2） レシオ検波回路

図7-57に示す検波回路がレシオ検波回路の一例である．この回路のコイルL_1に周波数変調波が加えられると，L_2，C_2とからなる共振回路により周波数偏移が振幅の変化となる．このときコイルL_2の上側と下側とでは特性が反転するため，総

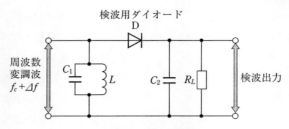

(a)　周波数変調の簡単な復調回路

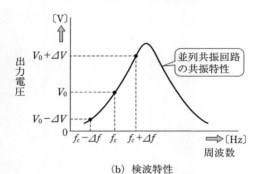

(b)　検波特性

図 7-56　周波数偏移を振幅の変化に変換する

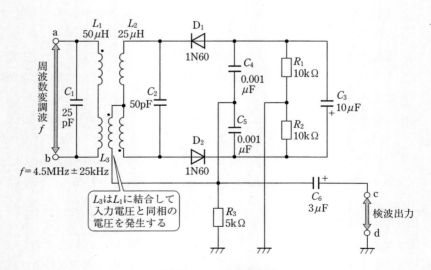

図 7-57　レシオ検波回路

合の特性は図 7-58 に示すような S 字形となる.

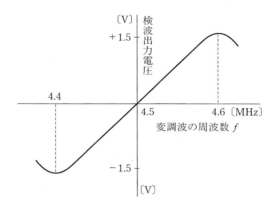

図 7-58 テレビジョン受信機の音声回路用レシオ検波の S 字特性

この振幅に変換された信号は D_1, D_2, R_1, R_2, C_3 により振幅検波され,検波出力は C_4, C_5, C_6 を通して出力端子 c に取り出される.この回路の特性は,直線部分が広いためひずみの少ない検波出力が得られることである.また,C_3 の働きによって振幅性の雑音が除去されるため検波回路の前段に設ける振幅制限回路を省略することができる.図 7-58 に示した特性は,テレビジョン受信機の音声回路 (FM) 用のレシオ検波回路の特性例である.

(3) PLL 発振回路による周波数変調波の復調

図 7-59 に示す回路は,PLL (位相同期ループ) 発振回路を利用した周波数変調波の復調回路である.PLL 発振回路を用いた基準信号の代わりに周波数変調波を加える.PLL 発振回路では VCO の出力信号が,この周波数変調波の周波数と一致するように働く.このとき VCO への制御電圧 (誤差信号電圧) は,周波数変調波の周波数の高低に対応して変化している.すなわち,周波数変調波の周波数の変化が制御電圧の変化に変換されたことになり,周波数変調波を復調することができる.

PLL 発振回路は,発振周波数範囲が広く,かつ,周波数安定度が高いといった特徴がある.そのため,ラジオ受信機やテレビジョン受信機の同調器 (チューナ) など多くの通信機器に使用されている.

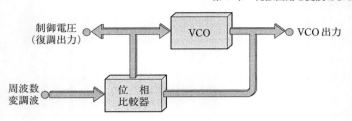

図 7-59　PLL 発振回路による周波数変調の復調回路の原理図

7.4　その他の変調方式

振幅変調や周波数変調のほかに周波数の安定な水晶発振回路を利用した位相変調方式や，パルス波を搬送波とするパルス変調方式がある．

1　位相変調 (PM) および復調

(1)　位相変調

位相変調は，搬送波の振幅を一定に保ったまま信号波の振幅によって式 (7-14) で示した搬送波の位相 θ を変える変調方式である．瞬間的な位相の変化は周波数変化となる．位相変調における周波数の偏移は図 7-60 (d) に示すように，図 7-60 (c) に示す周波数変調の周波数偏移より $\pi/2$〔rad〕進んでいるだけで，周波数変調と同じである．

位相変調は，搬送波の周波数を直接変化させることなく周波数偏移が得られる．したがって，変調に関係なく一定周波数の安定な発振回路が使用できる．そのため，発振回路として水晶発振回路が使用され，中心周波数の安定な位相変調波が得られる．

(2)　位相変調の復調

位相変調波の復調には，周波数変調波の復調に使用されたレシオ検波回路が使用されている．

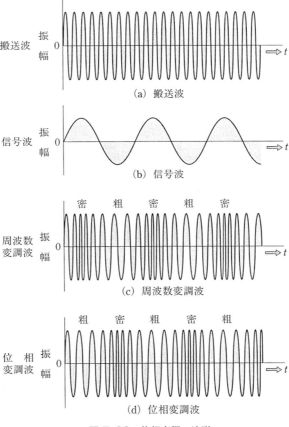

(a) 搬送波

(b) 信号波

(c) 周波数変調波

(d) 位相変調波

図 7-60 位相変調の波形

2 パルス変調の種類

これまで述べた変調方式では,搬送波として正弦波が用いられた.このほかの変調として搬送波にパルス波を用いる変調方式がある.これを**パルス変調**(pulse modulation)と呼んでいる.

パルス変調には次に示すような変調方式があり,その特徴を生かした利用方法がある.

① **パルス振幅変調**(pulse–amplitude modulation:略して P AM)

図 7-61(b)に示すようにパルス波の振幅を信号波の振幅に応じて変化させる変調方式をいう.

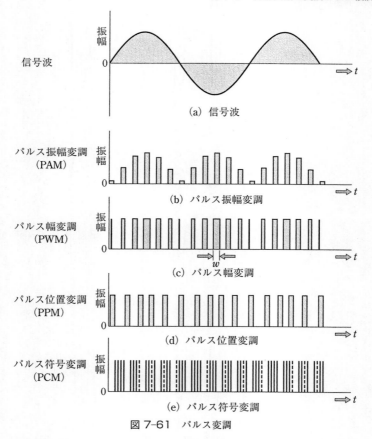

図 7-61　パルス変調

② **パルス幅変調**（pulse-duration modulation：略して PDM）

　　図 7-61 (c) に示すようにパルス波の幅 w を信号波の振幅に応じて変化させる変調方式をいう.

③ **パルス位置変調**（pulse-position modulation：略して PPM）

　　図 7-61 (d) に示すようにパルスの時間的位置を信号波の振幅に応じて変化させる変調方式. **パルス位相変調**（pulse-phase modulation）とも呼んでいる.

④ **パルス符号変調**（pulse-code modulation：略して PCM）

　　図 7-61 (e) に示すように信号波の振幅に応じたパルス符号信号に変換する変調方式をいう.

上に示した①, ②, ③の変調方式は搬送波がパルス波であり, 時間的には不連続

な信号である．しかし，パルスの振幅・幅・位置が信号波の振幅に応じて変化し，搬送波を正弦波とする変調と考え方は同じである．一方，④に示したパルス符号変調はアナログ信号をA-D変換したのちパルス符号信号を，時間的に順次送り出す変調方式で，パルスの有無だけが検出することができればパルスの有無だけで元の信号の情報を送ることができる．

　したがって，パルスの有無だけが検出できればパルスの形や幅などが変化しても正確に元の情報を取り出すことができる．このパルス符号変調の応用例としては惑星探査用の衛星を用いて撮影した遠い惑星の表面の写真などの情報をパルス符号変調により送信し，この信号を受信・検波して地上で鮮明に再生することが可能となっている．

第 7 章　練習問題

7·1　発振回路には, どのような種類の発振回路があるか.

7·2　LC発振回路には, どのような種類の発振回路があるか.

7·3　水晶発振回路には, どのような種類の発振回路があるか.

7·4　搬送波を信号波により変調して電波として放射している. この変調方式にはどのような種類の変調方式があるか.

7·5　振幅変調波の復調回路には, どのような復調(検波)回路が用いられているか.

7·6　FM放送波で, 信号波の最高周波数f_sの値が15 kHz, 搬送波の周波数f_cの値が80 MHz, 最大周波数偏移Δfの値が75 kHzの電波の変調指数m_fおよび占有周波数帯域Bの値はいくらか.

7·7　周波数変調波の復調回路には, どのような復調(検波)回路が用いられているか.

7·8　パルス変調には, どのような種類の変調方式があるか.

第8章

パルス回路

アナログ回路では入力や出力の信号が時間とともに連続して変化する信号を取り扱ってきた．パルス回路では入力や出力の信号が「ある」または「ない」といった2つの値を信号として取り扱うものである．第8章では，パルス信号が電子回路によりどのように作られているか，また，パルスが電子回路を通過するとどのように変化するかなどのパルス回路の働きについて述べる．

8.1　パルスの基礎回路

パルス回路はこれまで述べてきた正弦波交流とは異なりパルス波が使用される．したがって，パルス波がなぜ使用されるのか，また，パルス波形はどのようにして作られているのかなどについて述べる．

1　アナログ信号とディジタル信号

これまで述べてきた電子回路は，時間の経過とともに連続してその値が変化するアナログ信号（analog signal）を用いてきた．一方，ディジタル信号（digital signal）は，信号が「ある」または「ない」という2つの信号を用いている．これらの2つの信号を，信号の伝達と信号の保存（記憶）とについて比較する．

（1）　信号の伝達

アナログ信号として，図 8-1（a）に示すように電池の電圧の値が3Vであった場合，送る信号「3」をアナログ量である3Vの電圧として送った場合，受信側に電圧計を用いて送られてきた信号である電圧3Vの値を電圧計を用いて測定する．し

かし, 信号をアナログ量である電圧の値で送ると, 信号を送る距離が長い場合には電圧計に流れる電流と信号を送る電線の抵抗とにより電圧降下が生じ, 受信側では送られてきた信号の値は 3 V とはならず 3 V より小さな値となる. したがって, この方式では正確な値の信号を送ることは難しい.

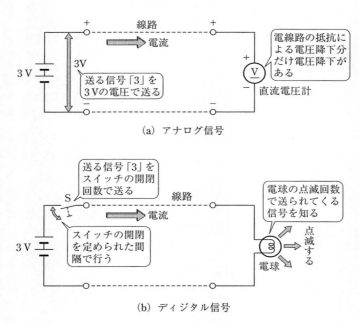

(a) アナログ信号

(b) ディジタル信号

図 8-1　アナログ信号とディジタル信号

　一方, ディジタル信号では, 図 8-1 (b) に示す回路を用いて, 送る信号「3」をある定められた間隔でゆっくり 3 回スイッチの開閉を行って, 3 個のパルスであるディジタル信号に変換して送ると, 受信側では電圧降下により電球に加わる電圧の値が低下しても, 電球が点滅する回数が 3 回であるということを確かめることができれば, 送られてきた信号は「3」であることがわかる.

　このように送る信号が「3」である場合, この信号をアナログ量である 3 V という電圧による信号で送る場合と, スイッチのオン・オフによりディジタル量である 3 個のパルスで送る場合とでは, 信号の伝達の確かさが異なることがわかる.

（2） 信号の保存（記憶）

信号の値を保存する場合，信号の値を「3」とすればこの信号を保存する方法の一例として，次に示す方法が考えられる．

① 信号の値「3」を直流電圧の3Vのアナログ信号として用い，この3Vの電圧を保存するために送られてきた電圧でコンデンサを充電し，数値「3」として保存する．

② 一方，ディジタル信号としてパルスを用いた場合，ある定められた間隔でパルスとして送られてきた個々の信号を，個々のコンデンサに次々に充電して行き，充電された3個のコンデンサの数（ディジタル信号）を数値「3」として保存する．

①および②で示した保存方法では充電されたコンデンサの電荷の値は少しずつ放電され，コンデンサの端子電圧の値は低下して行く．したがって，①の場合は信号電圧の値が降下するため信号として保存することは難しい．

しかし，②の方式はディジタル方式であるため，コンデンサの端子電圧が「ある」または「ない」だけが検出できればよい．したがって，コンデンサの端子電圧の値が低くなっていても，「3」という数値を正確に保存することができるといった特徴がある．

（3） アナログ信号とディジタル信号の特徴

アナログ信号とディジタル信号には，次に示すような特徴を有している．

① アナログ信号は，信号の大きさに意味がある．したがって，その大きさが変化すると，もとの信号の持つ意味がわからなくなる．しかし，ディジタル信号では，信号が「ある」か「ない」かだけが判別できればよく，その大きさや波形が多少変化してもその影響は少ない．

② アナログ信号では，その信号波形が変化してしまうと，もとの波形を再現することは非常に難しい．しかし，ディジタル信号では波形が変化しても容易にもとの波形と同じ波形に再生することが容易である．

このように，ディジタル信号はアナログ信号に比べて情報の伝達や保存などの点で優れている．このディジタル信号の優れた点はコンピュータやパルス通信，また，自動制御などの広い分野で用いられている．最近ではディジタルICの発達に伴い，多くの装置がディジタル化されてきている．

しかし，ディジタル信号は図8-2に示すようにアナログ信号を直接送信・受信

する場合に比べて複雑となる．しかし，ディジタル信号を用いる場合はアナログ信号をディジタル信号に変換（A-D 変換）する回路が必要となり，全体の装置が複雑で設備費も高くなる．したがって，アナログ信号のままで送るほうが有利な場合もある．

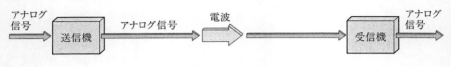

(a)　アナログ信号で送る場合

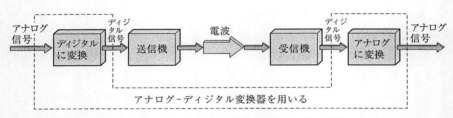

(b)　アナログ信号をディジタル信号に変換して送る場合

図 8-2　電波を用いた信号の伝送

(4)　パルス

図 8-3 (a) に示す回路においてスイッチ S を閉じ，次に，一定時間後にスイッチを開き，再びスイッチを閉じる．このようにスイッチの開閉を一定周期 T で繰り返すと，抵抗 R の両端の出力電圧の波形は，図 8-3 (b) に示すような波形となる．このような波形を**方形波パルス**または単に**パルス**（pulse）と呼んでいる．

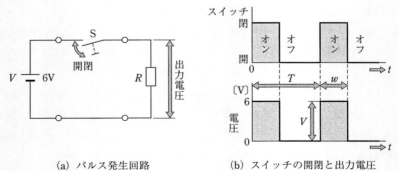

(a)　パルス発生回路　　　　　(b)　スイッチの開閉と出力電圧

図 8-3　パルス

　ここで示した理想的な方形波パルスは実際の回路では作ることは難しく，理論的にパルスを考えるときの基本波形である．図8-3 (b) に示した方形波パルスは，次に示すような各種の量によって表されている．

　　w：パルス幅　　　　　　　　　　T：繰返し周期
　　$f = 1/T$：繰返し周波数　　　　V：振　幅
　　$D = w/T$：衝撃係数（duty factor）

8.2　スイッチ回路

　図8-3 (a) で述べた機械的なスイッチSの代わりに，ダイオードやトランジスタをスイッチとして使用することにより高速の方形波パルスを作ることができる．ここでは，ダイオードやトランジスタがどのようにしてスイッチの働きをするのか，また，ダイオードやトランジスタのスイッチ動作により作られたパルスについて述べる．

❶　ダイオードのスイッチ動作

　ダイオードに図 8-4 (a) に示すように順方向に電圧を加えると，ダイオードには順方向電流が流れる．この状態をダイオードが「オン」の状態にあるという．図8-4 (b)に示すようにダイオードに逆方向の電圧を加えるとダイオードには電流はほとんど流れない．この状態をダイオードが「オフ」の状態にあるといっている．これ

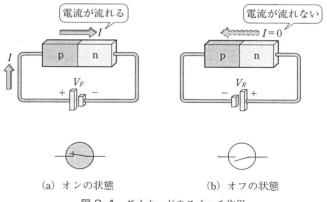

（a）オンの状態　　　　　（b）オフの状態

図 8-4　ダイオードのスイッチ作用

らのことからダイオードに加える電圧の方向によりダイオードはオン・オフする. したがって，ダイオードをスイッチとして用いることができる.

図8-5 (a) に示すようにスイッチSを①側に倒してダイオードに順方向に電圧 V_1 を加えると，次に示すような動作を行う.

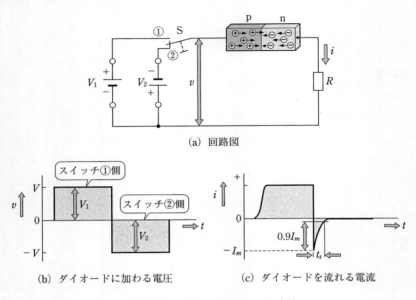

(a) 回路図

(b) ダイオードに加わる電圧　　　(c) ダイオードを流れる電流

図8-5　ダイオードのスイッチ波形

① ダイオードのp形領域にある正孔とn形領域にある電子は移動し，ダイオードの接合部を越えて互いに他の領域に入り順方向電流が流れる.

② ダイオードの p 形領域から n 形領域に，また，n 形領域から p 形領域に移動したキャリアは，すぐには消滅しないでわずかな時間その領域に残っている.

③ このときスイッチ S を②側に倒してダイオードに逆方向電圧 V_2 を加えると，残っていたキャリアが引き戻されるため，図8-5 (c) に示すように逆方向に電流が流れる．逆方向電流がその最大値の値の 10% の値になるまでの時間 t_s を回復時間と呼んでいる．スイッチ用のダイオードとしては逆方向電流の値が小さく，回復時間の短いものが適している.

2 トランジスタのスイッチ動作

(1) トランジスタのオフ状態・オン状態

図8-6 (a) に示す回路でスイッチSを②側に倒すと, トランジスタのベース-エミッタ間には逆方向電圧 V_2 が加わる. したがって, ベース電流の値は0となりコレクタ電流もほぼ0となる. このような状態ではトランジスタのコレクタ-エミッタ間は, 図8-6 (b) に示すようにスイッチが切れているのと同じ状態となる. これをトランジスタがオフの状態にあるといっている.

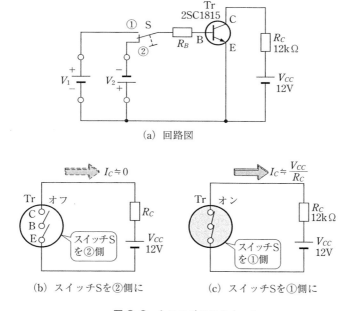

(a) 回路図

(b) スイッチSを②側に　　(c) スイッチSを①側に

図 8-6　トランジスタスイッチ

　次に, スイッチSを①側に倒すとトランジスタのベース-エミッタ間に順方向電圧 V_1 が加えられる. したがって, ベース電流が流れこれに伴いコレクタ電流も流れる. このような状態では図8-6 (c) に示すように, トランジスタのコレクタ-エミッタ間は短絡しているのと同じような状態となる. このような状態をトランジスタが「オン」の状態にあるといっている.

（2）　トランジスタの遮断と飽和

　先に述べたトランジスタのオン・オフの動作を，図 8-7 に示すトランジスタの
V_{CE}-I_C 特性曲線により調べる．まず，図 8-7 に示した V_{CE}-I_C 特性曲線に図 8-6（a）
に示したトランジスタスイッチ回路の負荷線を引く．負荷線は図 8-7 に示した直
線 AB となる．図 8-6（a）に示した回路で，スイッチ S が②側に倒れている場合に
は動作点は A にありコレクタ電流は流れない．これを「トランジスタが遮断して
いる（遮断領域にある）」といっている．

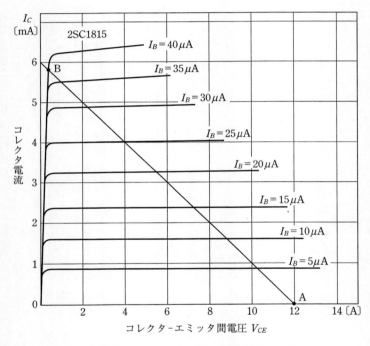

図 8-7　トランジスタの V_{CE}-I_C 特性の一例

　図 8-6（a）に示したトランジスタスイッチ回路でスイッチ S が①側に倒れてい
る場合，ベース電流が図 8-7 に示した点 B のベース電流（40 μA）より多く流れる
ように，ベース電圧 V_{BB} およびベース抵抗 R_B の値を定めておくと動作点は B とな
り，最大のコレクタ電流 I_{Cm}（$\fallingdotseq V_{CC}/R_C$）が流れる．これを「トランジスタが飽和し
ている（飽和領域にある）」といっている．

飽和領域では図8-7に示した V_{CE}-I_C 特性曲線からもわかるように，トランジスタのコレクタ–エミッタ間電圧 V_{CE} はほぼ0となる．また，トランジスタが遮断していると，図8-6(b)に示したようにスイッチはオフの状態となり，トランジスタが飽和していると図8-6(c)に示すようにスイッチはオンの状態となる．このようにトランジスタを増幅素子として使用する場合，図8-7に示した点Aと点Bの間の能動領域で使用する．

3 キャリア蓄積作用

（1） トランジスタがオンの状態

トランジスタをスィッチ用の素子として使用する場合，まず，トランジスタをオンの状態にすると，次に示すような動作を行う．

① 図8-8に示すようにスイッチSを①側に倒してベース–エミッタ間に順方向電圧 V_1 を加えて飽和領域にする．

② 飽和領域ではエミッタから多数のキャリアがベース領域に注入されてベース領域内を拡散して行く．このキャリアがコレクタとベース接合面に達しコレクタ電流となる．このときコレクタ電流の値は最大値 I_{Cm} ($\fallingdotseq V_{CC}/R_C$) までしか流れない．

③ 一方，エミッタから注入されたキャリアは非常に多いため，キャリアはベース領域内に蓄積される．これをキャリアの蓄積作用と呼んでいる．

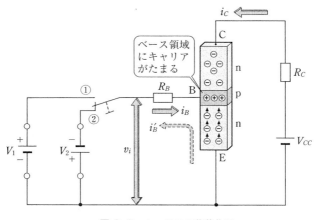

図 8-8 キャリアの蓄積作用

（2）　トランジスタがオフの状態

トランジスタをオフの状態とすると次に示すような動作を行う．

① 図8-8に示したようにスイッチSを②側に倒してベース-エミッタ間に逆方向電圧 V_2 を加える．

② このとき，ベース領域内に蓄積されたキャリアがエミッタに引き戻されて逆方向のベース電流 i_B' が流れる．

③ コレクタ電流はベース領域に蓄積されているキャリアがなくなり，$i_B'=0$ となるまで流れ続ける．しかし，トランジスタのベース-エミッタ間はすでに逆方向に逆バイアスされているにもかかわらず，コレクタ電流 i_C はしばらく流れることになる．

（3）　トランジスタをスイッチとして用いる場合の問題

先に述べた (1)，(2) からもわかるように，トランジスタをスイッチとして使用する場合，トランジスタをオフの状態にするためにベース-エミッタ間に逆方向電圧を加えてもキャリアの蓄積作用により，トランジスタはしばらくオンの状態となっている．したがって，応答が遅れて高速度のスイッチとして使用することができなくなるという問題が生じる．

4　トランジスタのスイッチ波形

（1）　理想的な波形と実際の波形

トランジスタをスイッチとして動作させるために，図 8-9 (a) に示すような入力電圧 v_i をベースに加えたとき，理想的にはコレクタ電流 i_C が図 8-9 (b) に示すような方形波になってほしい．しかし，実際の回路ではトランジスタのベース電流 i_B とコレクタ電流 i_C は，それぞれ図 8-9 (c)，(d) に示すような波形となる．

（2）　パルス波形が変形する理由

パルス波形が変形する理由は，トランジスタのエミッタから注入されたキャリアは，ベースを拡散によって通過するため時間がかかる．したがって，ベースに電圧を加えてもコレクタ電流が流れるまでに時間がかかる．図 8-10 に示すようにベースに電圧を加えた時刻 t_1 から，コレクタ電流 i_C が最大値の10%になるまでの時間 t_d を遅れ時間といい，コレクタ電流 i_C が最大値の90%に達するまでの時間 T_r

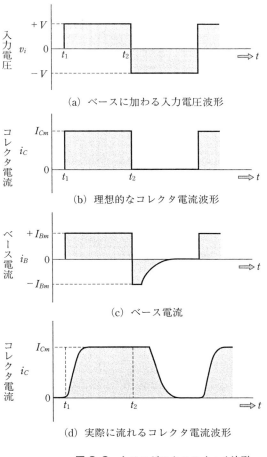

(a) ベースに加わる入力電圧波形

(b) 理想的なコレクタ電流波形

(c) ベース電流

(d) 実際に流れるコレクタ電流波形

図 8-9　トランジスタのスイッチ波形

をターンオン時間と呼んでいる．また，コレクタ電流の最大値の 10% から 90% に達するまでの時間 t_r を立上り時間（rise time）と呼んでいる．

　ベースの入力電圧を時刻 t_2 で逆方向にした場合，ベース領域に蓄積されていたキャリアがベースから流れ出る．したがって，ベース電流は図 8-9（c）で示したように逆方向に流れる．このとき図 8-10 で示した時刻 t_3 までコレクタ電流は最大値を保ったまま流れ続ける．時刻 t_3 からコレクタ電流が最大値の 90% に減少するまでの時間 T_2 を蓄積時間（storage time）と呼んでいる．

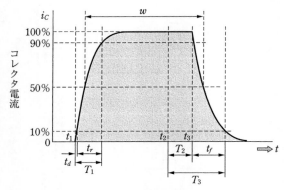

図 8-10　実際のパルス波形

T_1：ターンオン時間　　T_2：蓄積時間
T_3：ターンオフ時間　　t_r：立上り時間
t_d：遅れ時間　　　　　t_f：立下り時間
　　　　　　　　　　　　w：パルス幅

　ベース領域に蓄積されたキャリアはベースやコレクタから引き出されてやがて減少して行く．このときコレクタ電流も減少し，やがて $i_C = 0$ となる．時刻 t_2 からコレクタ電流が最大値の10%に減少するまでの時間 T_3 を**ターンオフ時間**と呼んでいる．また，コレクタ電流 i_C の最大値の 90% から 10% まで減少する時間 t_f を**立下り時間**（fall time）と呼んでいる．

　以上に述べたことからわかるように，実際のパルス波形はきれいな方形波ではなく図 8-10 に示したように波形は変わってくる．この場合，パルス幅 w は，図 8-10 に示したようにパルス波形の最大値の 50% の大きさの時間幅で表している．

5　スイッチの高速化

　トランジスタをスイッチとして使用する場合には，オン・オフの切換えはできるだけ速いほうがよい．しかし，トランジスタにはキャリアの蓄積作用や，ベース領域のキャリアの拡散による時間的な遅れがある．したがって，オン・オフの切換えの速さが制限される．そこで，スイッチの切換え時間を高速化するために，次に示すような方法がとられている．

　① 　コレクタ電流 i_C の立上りを速くするには，ベース電流 i_B の値を大きくする．また，電流増幅率 h_{fe} の遮断周波数の値の高いトランジスタを使用する．

　② 　コレクタ電流 i_C の立上りを速くするには，逆方向のベース電流の値を大き

くし，電流増幅率 h_{fe} の遮断周波数の値の高いトランジスタを使用する．

③　スイッチ回路に補償回路などを用いるなどの工夫をほどこす．

（1）　スピードアップコンデンサ

トランジスタのスイッチ特性を良くするために，図8-11（a）の破線で示すベース電流 i_B の値を，実線で示すように立上りと立下り部分で大きくなるようにすると，コレクタ電流 i_C の波形は図8-11（b）で示す破線から実線に示す波形のように改善される．

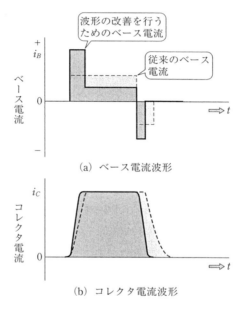

（a）ベース電流波形

（b）コレクタ電流波形

図8-11　コレクタ電流の波形の改善

図8-12（a）に示す回路は，ベース電流の立上りと立下りの部分で，ベース電流の値を大きくするための回路である．この回路はトランジスタのベースに直列に抵抗 R_1 とコンデンサ C の並列回路を接続した回路である．この回路に使用されているコンデンサ C を**スピードアップコンデンサ**（speed-up capacitor）と呼び，図8-12（b）に示すように入力電圧 v_i が急激な変化する時刻 t_1 ではコンデンサに充電電流が流れ，ベース電流 i_B は図8-12（c）に示すように大きくなる．充電が終了すると定常状態となりベース電流は抵抗 R_1 を流れて一定値となる．

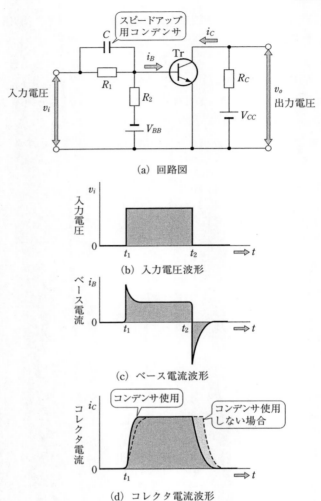

(a) 回路図

(b) 入力電圧波形

(c) ベース電流波形

(d) コレクタ電流波形

図 8-12　スピードアップ用コンデンサによる波形の改善

　入力電圧 v_i が 0 に変化する時刻 t_2 ではコンデンサの電荷が放電してベースに逆方向電流を流すとともに，バイアス電圧 V_{BB} によりさらに逆方向電流が流れる．このため，コレクタ電流の立上りと立下りの部分でベース電流の値が大きくなり，コンデンサ C のない場合に比べて図8-12 (d) の実線が示すようにパルスの立上りおよび立下り特性を良くすることができる．

（2） トランジスタの不飽和スイッチ回路

スイッチ回路ではトランジスタを飽和領域で使用すると，キャリア蓄積作用による蓄積時間が問題となる．しかし，トランジスタを能動領域で使用すれば蓄積時間を減少させることができる．図8-13に示す回路は能動領域でトランジスタを働かせている回路（不飽和スイッチ回路）の一例である．この回路ではダイオードD_1にゲルマニウムダイオードを，ダイオードD_2にシリコンダイオードを使用する．

図8-13で示したスイッチ回路に入力電圧が加わりダイオードD_1およびD_2に順方向に電流が流れると，ダイオードの順方向電圧降下はゲルマニウムダイオードD_1では0.2V，シリコンダイオードD_2では0.6 Vである．したがって，コレクタ電圧はベース電圧よりも0.4 V電圧が高くなる．また，シリコントランジスタのベース－エミッタ間電圧V_{BE}は0.6 Vであるから，コレクタ電圧は1.0 Vとなりトランジスタは能動領域にあることがわかる．したがって，キャリアの蓄積時間が小さくなりパルス特性を改善することができる．

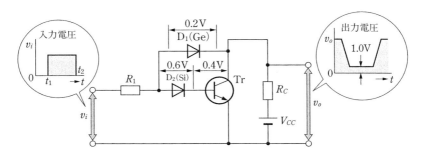

図 8-13　不飽和スイッチ回路

8.3　パルス応答

パルスはスイッチのオン・オフにより作ることができる．また，スイッチの代わりにトランジスタやダイオードをオン・オフさせてもパルスを作ることができる．ここでは，パルスが抵抗RとコンデンサCで作られた電気回路（CR回路）を通過すると，パルス波形はどのような波形に変化するのかパルス波形の変化について述べる．

1　時定数の小さな CR 回路（微分回路）の応答

まず，図 8-14 (a) に示すような CR 回路に，図 8-14 (b) に示すような方形波パルスを加えた場合，CR 回路に流れる電流 i および抵抗 R の端子間電圧 v_R にどのような波形のパルス電圧が生じるかを調べる．図 8-14 (a) に示した回路において，$t = 0$ でスイッチ S を②側から急に①側に切り換えて，$t = 0$ の瞬間に $0\,\mathrm{V}$ から $V\,\mathrm{(V)}$ の値に変化する電圧を CR 回路に加えると，コンデンサ C を充電するために充電電流 i が流れる．この充電電流 i は指数関数的に変化し，次式で表される．

$$i = \frac{V}{R}\varepsilon^{-\frac{t}{CR}} = \frac{V}{R}\varepsilon^{-\frac{t}{\tau}} \tag{8-1}$$

ただし，$\tau = CR$

この充電電流 i の波形のひろがりは τ の大きさによって変化し，τ の値が小さくなればひろがりは狭く，また，τ の値が大きくなれば波形のひろがりは広くなる．CR 回路の時定数 $\tau\,(\tau = CR)$ の値が，入力方形波のパルス幅 w より十分小さい場合，すなわち $CR \ll w$ の場合について考える．

充電電流 i の波形は τ の値が小さいため，コンデンサ C の充電が短時間で終了する．したがって，図 8-14 (c) に示すような波形となる．抵抗 R の端子間電圧 v_R の値は充電電流 i に比例するため次式で示される．

$$v_R = Ri = R\frac{V}{R}\varepsilon^{-\frac{t}{\tau}} = V\varepsilon^{-\frac{t}{\tau}} \tag{8-2}$$

したがって，抵抗 R の端子間電圧 v_R の波形は電流 i と同じように変化するため，図 8-14 (d) に示すような波形となる．

次に，時間 $t = w$ でスイッチ S を①側から②側に切り換えると，CR 回路に加わっていた電圧 v の値は $V\,\mathrm{(V)}$ から $0\,\mathrm{V}$ になる．このときコンデンサ C には電荷が充電されているが充電されている電荷は放電される．この場合，時定数の値が小さいため放電は短時間に完了する．

放電電流 i の流れる方向はコンデンサが充電される場合と逆となる．したがって，図 8-14 (c) に示す破線部分のような波形となり，抵抗 R の端子間電圧 v_R の波形は，入力の方形波電圧 v を時間で微分した波形に似てくる．そこで図 8-14 (a) に示した回路を**微分回路** (differentiating circuit) と呼んでいる．図 8-15 に示す充電電流の波形は CR 回路で $\tau = 5\,\mu\mathrm{s}$ のときを示したものである．

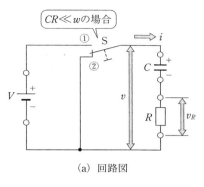

(a) 回路図

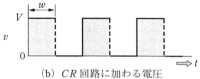

(b) CR 回路に加わる電圧

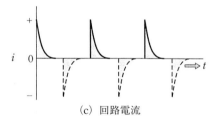

(c) 回路電流

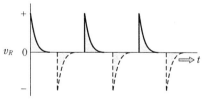

(d) 抵抗 R の端子間電圧

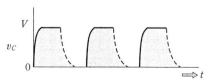

(e) コンデンサ C の端子間電圧

図 8-14　CR 回路の波形（$CR \ll w$ の場合）

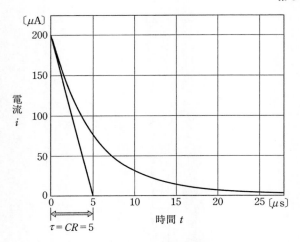

図 8-15　CR 回路の充電電流波形

2　時定数の大きい CR 回路（積分回路）の応答

図 8-16 (a) に示す CR 回路に，図 8-16 (b) に示すような方形波パルスを加えた場合，CR 回路に流れる電流 i の波形および抵抗 R の端子間電圧 v_R にはどのような波形が生ずるかを調べる．いま，CR 回路の時定数の値を入力の方形波パルスの幅 w より非常に大きくしたとき，すなわち，$CR \gg w$ の場合について述べる．図 8-16 (a) に示した回路において $t = 0$ でスイッチ S を②側から急に①側に切り換えて $t = 0$ の瞬間に 0 V から V〔V〕に変化する電圧 v を加える．

図 8-16 (b) に示す波形は方形波で電圧 v が実線部分のように 0 V から V〔V〕に変化すると，コンデンサ C を充電するために充電電流 i が流れる．しかし，CR 回路の時定数の値が大きいために充電はゆっくりと行われる．したがって，充電電流 i はゆっくりと変化しながら流れる．充電電流 i の値はゆっくり変化するためコンデンサ C の端子間電圧 v_C の値は，図 8-16 (d) に示すようにゆっくりと上昇する．コンデンサ C の端子間電圧 v_C の値は，式 (8-2) より，

$$v_C = V - v_R = V - V\varepsilon^{-\frac{t}{\tau}} = V\left(1 - \varepsilon^{-\frac{t}{\tau}}\right) \tag{8-3}$$

となる．

また，抵抗 R の端子間電圧 v_R の波形は図 8-16 (c) に示す実線部分のようになる．スイッチ S を①側から②側に切り換えると電圧 v は V〔V〕から 0V に変化する．しかし，コンデンサ C には電荷が残っているため，この電荷が放電して逆方向

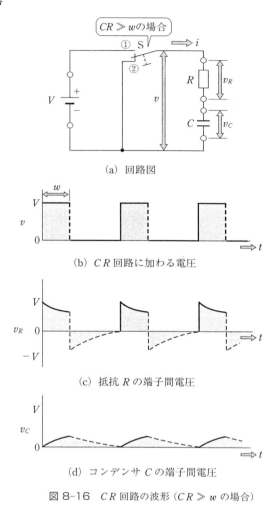

(a) 回路図

(b) CR 回路に加わる電圧

(c) 抵抗 R の端子間電圧

(d) コンデンサ C の端子間電圧

図 8-16 CR 回路の波形 ($CR \gg w$ の場合)

に電流が流れる．しかし，時定数が大きいためこの放電もゆっくりと行われる．

　したがって，端子間電圧 v_R, v_C の波形は，図 8-16 (c) および (d) に示す波形の破線の部分のような波形となる．コンデンサ C の端子間電圧 v_C の波形は，図 8-16 (d) に示した波形からもわかるように，入力方形波電圧 v を時間で積分した波形にほぼ似ている．したがって，図 8-16 (a) で示した回路を**積分回路** (integrating circuit) と呼んでいる．

8.4 パルス波の発生

ここでは,パルスの基本形である方形波パルスを発生させる各種のマルチバイブレータについて述べる.

1 非安定マルチバイブレータ

非安定マルチバイブレータ(astable multivibrator)は,パルス発生回路として最も多く使用されている.非安定マルチバイブレータ回路の原理図を図8-17に示す.図8-17に示した回路からもわかるようにトランジスタ Tr_1 と Tr_2 とを結合回路 A で CR 結合し,また,トランジスタ Tr_2 の出力を結合回路 B で CR 結合し,これをトランジスタ Tr_1 の入力に正帰還させることにより発振回路を構成させている.

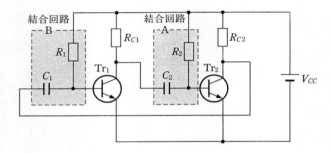

図 8-17　非安定マルチバイブレータ回路

(1) 動作原理

非安定マルチバイブレータ回路について図8-18に示す対称形非安定マルチバイブレータ回路で考える.いま,図8-19に示す回路で対称形非安定マルチバイブレータの動作を考えると,まず,この回路の電源スイッチSを閉じると,最初はトランジスタ Tr_1 と Tr_2 の直流電流増幅率 h_{FE} の値のわずかな差などによりいずれかのトランジスタのコレクタ電流が反対側のトランジスタより多く流れる.

これが反対側のトランジスタのベースに影響を与え,コレクタ電流の少ないほうのトランジスタはベース電流の値が大幅に減少し,コレクタ電流の多い方のトランジスタはあまり減少しない.この傾向は帰還ループで加速され,最初にベース電流

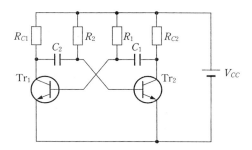

図 8-18　対称型非安定マルチバイブレータ回路

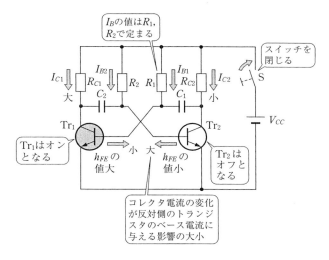

図 8-19　非安定マルチバイブレータの片方がオンとなる

が多く流れたトランジスタがオンとなり，少ないほうのトランジスタはオフとなる．

　このようにして，仮にトランジスタ Tr_1 がオンに，Tr_2 がオフになったと仮定すると，Tr_2 はオフのためベース電圧は，ベース–エミッタ間で逆バイアスになる負であるとすると，図 8-20 に示す各部の波形で，時刻 $t_1 = 0$ の状態にあったとすると，トランジスタ Tr_2 のベースは抵抗 R_2 を通してコンデンサ C_2 を充電することにより徐々にベース電圧の値は上昇し，時刻 t_2 にはベース–エミッタ間に順方向の電圧が加わる．すると次に示すような動作となる．

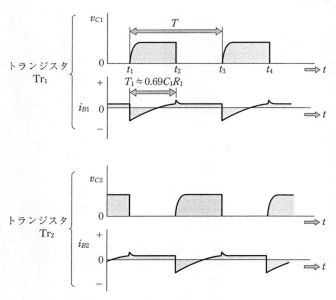

図 8-20　非安定マルチバイブレータの波形

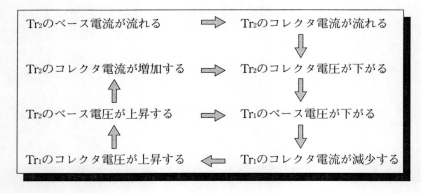

　トランジタ Tr_1 および Tr_2 は上記の経過をたどって，非安定マルチバイブレータ回路は正帰還作用によって Tr_1 のコレクタ電流はまたたく間に 0 となり Tr_1 はオフとなる．また，同時に Tr_2 はオンとなってしまう．

　このようにトランジスタ Tr_2 がオンとなると，コンデンサ C_1 は抵抗 R_1 を通して充電が始まり，トランジスタ Tr_1 のベース電圧 v_{B1} が上昇してトランジスタ Tr_1 がオンとなると，Tr_2 はオフに反転する．このようにトランジスタ Tr_1 と Tr_2 のオン・オフが交互に入れ替わり発振が生じる．

図 8-18 に示した回路で $R_1 = R_2$, $C_1 = C_2$, $R_{C1} = R_{C2}$ とすると，ベース電圧 v_{B1} と v_{B2} およびコレクタ電圧 v_{C1} と v_{C2} の波形は，位相が $180°$ 異なった同じ波形となる．図 8-20 に示した波形の周期 T_1 および T_2 は次式で求められる．

$$\left.\begin{array}{l} T_1 \fallingdotseq 0.69\,C_1\,R_1 \\ T_2 \fallingdotseq 0.69\,C_2\,R_2 \end{array}\right\} \tag{8-4}$$

したがって，繰返し周期 T は，次式に示すようになる．

$$T = T_1 + T_2 \fallingdotseq 0.69\,(C_1 R_1 + C_2 R_2) \tag{8-5}$$

これまで述べてきた非安定マルチバイブレータは，多くの電子機器のパルス発生回路として使用されている．一般に使用されている非安定マルチバイブレータ回路の一例を示すと，図 8-21 に示すような回路が用いられている．

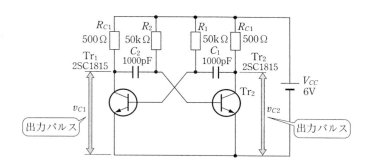

図 8-21　非安定マルチバイブレータ回路の一例

❷　双安定マルチバイブレータ

双安定マルチバイブレータ（bistable multivibrator）は電気的な状態を保存しておくことができるため，カウンタや記憶素子として広く用いられている．この双安定マルチバイブレータ回路の一例を示すと，図8-22に示す回路が用いられている．

（1）　動作原理

図 8-22 に示した回路からもわかるように，トランジスタ Tr_1 と Tr_2 とは，2つの抵抗 R_1 と R_2 とで結合されている．コンデンサ C_1 および C_2 はスピードアップ用コンデンサとして用いられていて必要に応じて使用されている．図8-22に示した回路は，両方ともベースに逆方向のバイアス電圧V_{BB}が加えられた左右対称の回路

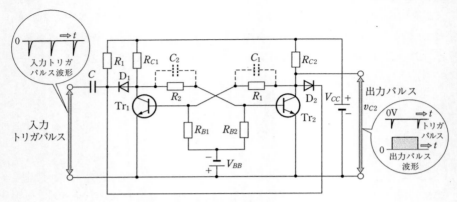

図 8-22 双安定マルチバイブレータ回路

で，次に示すような動作をする．

① 図 8-22 に示した回路で，いま，トランジスタ Tr_1 がオフの状態になっているとすると，トランジスタ Tr_1 には電流が流れていない．したがって，トランジスタ Tr_1 のコレクタ電圧の値は高くなっている．Tr_1 のコレクタ電圧の値が高いと，抵抗 R_2 を通して Tr_2 のベースに電圧が加わる．

　したがって，Tr_2 のベース電圧の値が高くなり Tr_2 はオンとなる．このようにトランジスタ Tr_1 がオフであれば，Tr_2 はオンとなる．もし，トランジスタ Tr_1 がオンであれば Tr_2 はオフとなる．

　トランジスタがいずれの状態であっても双安定マルチバイブレータは，外部から状態を反転させるための信号であるトリガパルスを双安定マルチバイブレータ回路に加えない限りこの安定した状態が続く．

② 次にトランジスタ Tr_1 がオフ，Tr_2 がオンの状態であるとし，入力にある時刻 t_1 で，図 8-23 に示すような負の入力トリガパルスが加えられると，トリガパルスの負の電圧はダイオード D_1，抵抗 R_2 を通してトランジスタ Tr_2 のベースに加わる．

③ したがって，トランジスタ Tr_2 のベースは，正電位から負電位に下がるため Tr_2 はオフとなる．トランジスタ Tr_2 がオフになるとコレクタ電圧の値は高くなり，抵抗 R_1 を通して Tr_2 のベースに電圧が加わる．したがって，トランジスタ Tr_1 のベース電圧の値が上昇して Tr_1 はオンとなる．この状態は次のトリガパルスが加わる時刻 t_2 まで続く．

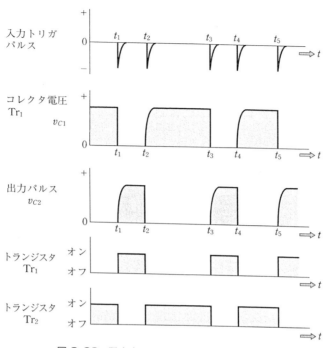

図 8-23　双安定マルチバイブレータの各部の波形

④　一方, 入力トリガパルスはトランジスタTr_1のベースにもダイオードD_2, 抵抗R_1を通して負のトリガパルス電圧が加わるが, Tr_1はオフのためトリガパルスが加わっても動作は変化しない.

　　しかし, トランジスタTr_2がオフとなりコレクタ電圧の値が高くなり, この電圧が抵抗R_1を通してトランジスタTr_1のベースに加わるためにベース電圧の値が高くなり Tr_1はオンとなる.

　これまで述べてきたようにトリガパルスが加わるとトランジスタ Tr_1 はオン, Tr_2 はオフとなり, トリガパルスが加わるたびに双安定マルチバイブレータ回路はこの動作を繰り返し行う.

(2)　用途と双安定マルチバイブレータ回路の一例

　これまで述べてきたように双安定マルチバイブレータ回路は, 双安定マルチバイブレータ回路に加えられるトリガパルス信号によって, トランジスタのオン・オフ

を逆転させている．このような双安定マルチバイブレータ回路は**フリップフロッ**
プ(flip-flop)回路とも呼ばれ，コンピュータなどの計数回路や記憶回路などに使用さ
れている．一般に使用されている双安定マルチバイブレータ回路の一例を**図8-24**
に示す．

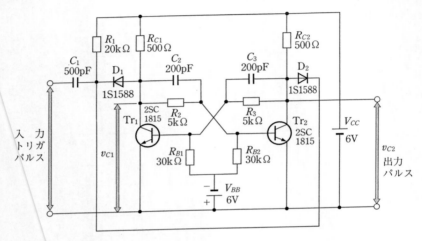

図 8-24　双安定マルチバイブレータ回路の一例

③　単安定マルチバイブレータ

　単安定マルチバイブレータ (monostable multivibrator) 回路は，トリガパルスが
加わると一定幅のパルスが発生する回路で，用途としてはパルスの整形や遅延回路
などに使用されている．しかし，トリガパルスが加わると必ず一定幅のパルスが発
生するため，雑音等の入力に対しては十分注意する必要がある．**図8-25**に実際
に使用されている単安定マルチバイブレータ回路の一例を示す．

（1）　動作原理

　単安定マルチバイブレータ回路は，図8-25に示した回路からもわかるように，
トランジスタ Tr_1 のコレクタと Tr_2 のベースとの結合にはコンデンサ C_2 を用いて
行っている．トランジスタ Tr_2 のコレクタと Tr_1 のベースの結合には抵抗 R_1 によ
り行われている．また，抵抗 R_1 と並列に接続されているコンデンサ C_1 の役割はス
ピードアップ用コンデンサとして用いられている．

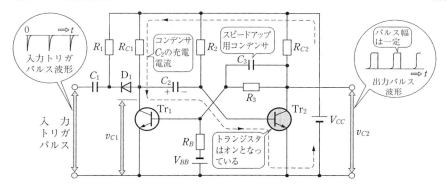

図 8-25 単安定マルチバイブレータ回路

　単安定マルチバイブレータではトランジスタTr₁のベースには逆方向のバイアス電圧 V_{BB} が加わっているため, 安定状態では必ずトランジスタ Tr₁ は「オフ」, Tr₂ は「オン」となっている. このとき, コンデンサ C_2 は図 8-25 に示した回路の破線で示すような電流で充電されている.

① 　図 8-26 に示すように時刻 t_1 において負の入力トリガパルスを入力端子に加えると, ダイオード D₁ を通してトランジスタ Tr₁ のコレクタ電圧 v_{C1} の値が一瞬下がる.

② 　コンデンサ C_2 の電圧 v がトランジスタ Tr₂ のベース電圧を一瞬負にするため Tr₂ はオフとなる. したがって, コレクタ電圧 v_{C2} の値が上昇してトランジスタ Tr₁ のベース電圧 v_{B1} の値が正となる. したがって, トランジスタ Tr₁ はオンとなる.

③ 　トランジスタ Tr₂ のオフは, コンデンサ C_2 に充電されている電荷がなくなるまで続く.

④ 　コンデンサ C_2 の電荷は, トランジスタ Tr₁ がオンとなっているため, $R_2 \to C_2$ $\to$ Tr₁ の回路で, 時定数 $C_2 R_2$ によってコンデンサ C_2 の電荷は放電される. $T \fallingdotseq 0.69\, C_2 R_2$ の時間で放電がほぼ完了する.

⑤ 　コンデンサ C_2 の電荷が放電されるとトランジスタ Tr₂ のベース電圧 v_{B2} は正となる. したがって, 再び Tr₂ はオン, Tr₁ はオフとなりもとの安定した状態にもどる. この安定した状態は, 次の時刻 t_2 に入力トリガパルスが加えられるまで続く.

以後の動作は, 図8-26に示したように入力トリガパルスが加えられるたびに,

一定時間 T だけトランジスタ $\mathrm{Tr_1}$ はオン，トランジスタ $\mathrm{Tr_2}$ はオフに変化して，再び元の安定した状態に戻る．

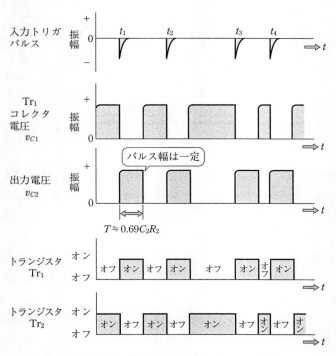

図 8-26　単安定マルチバイブレータの波形

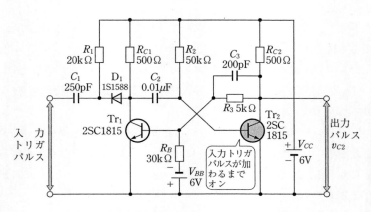

図 8-27　単安定マルチバイブレータ回路の一例

（2） 用途と単安定マルチバイブレータ回路の一例

単安定マルチバイブレータは，一定幅のパルスを得る回路によく使用されている．図 8-27 に示す回路は単安定マルチバイブレータ回路の一例で，その出力パルス幅の値は $345\mu s$ である．

8.5 論理回路

論理回路は論理演算回路とも呼ばれ，電子計算機，電子計測器，自動制御機器等の主要な装置に数多く用いられている基本的な回路である．一般に日常で使用されている演算は 10 進法による数値が使用されている．しかし，電子計算機では数値を電気的なパルスを用いて表している．例えば，パルス電圧がある場合を"1"で表し，パルス電圧がない場合を"0"で表し，パルス電圧の有無を"1"と"0"とに対応させた 2 進法による演算を行っている．

このように数値を 2 進法で表すと，同じ数値を 10 進法で表す場合より桁数は多くなる．しかし，電子回路で表示を行ったり，また，演算することが容易にできる．しかも，確実で迅速な演算が可能となる．この基本的な論理回路を **2 値論理素子**（binary logic elements）といい，論理積（AND）回路・論理和（OR）回路，および否定（NOT）回路等がある．

1 論理記号

論理回路を表す論理記号には JIS では，JIS C 0617-12：1999　電気用図記号 2 値論理素子で示されているが，ここでは，一般に多く使用されているアメリカの軍用規格である MIL（military standard）による記号で論理図記号を示す．

MIL による論理回路の図記号は，入力に加えられた信号が"1"または"0"の状態の組合せに対して論理的な判断を行い，入力回路に加えられた"1"と"0"との組合せに対応した出力が得られる回路である．

論理回路の基本回路は，論理積（AND）回路，論理和（OR）回路および否定（NOT）回路等がある．また，このほかにも付加記号がある．これは論理回路の出力が"0"となった場合，出力が反対の"1"で出力される場合には，出力側に小さな○印を付ける方法である．

例えば，否定回路は，バッファ（緩衝）回路の出力側に○印を付けると，バッファ

回路の入力が "1" の場合, 出力側が "0" となる否定 (NOT) 回路などに用いられている. これは他の論理回路にも用いられており同じ動作となる. また, バッファ (緩衝) 回路とは, 例えば, 出力部での回路の状況に変化があった場合, その変化が入力部に影響を及ぼさないことを目的とした回路で, これをバッファと呼んでいる.

　以上に示した, それぞれの論理回路に用いられている論理記号を図 8-28 に示す.

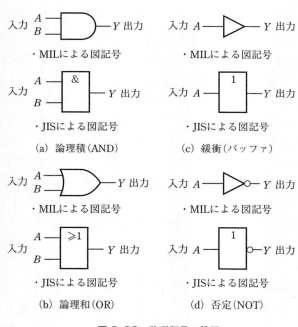

(a) 論理積 (AND)　　　(c) 緩衝 (バッファ)

(b) 論理和 (OR)　　　(d) 否定 (NOT)

図 8-28　論理記号の種類

2　論理回路の動作

　論理回路は 1 回路以上の出力を持ち, 入力 "1" と "0" との組合せによって, 出力が決定されるような論理回路をゲートと呼んでいる. 論理積 (AND, 以後 AND と示す) 回路とは, 図 8-29 に示すように入力が全部 "1" になったときにだけ出力 Y が "1" となる回路である. 図 8-29 で示した AND 回路は, 入力回路が 2 回路のため 2 入力 AND ゲートと呼んでいる. また, 入力回路が 5 回路であれば 5 入力 AND ゲートと呼ぶ.

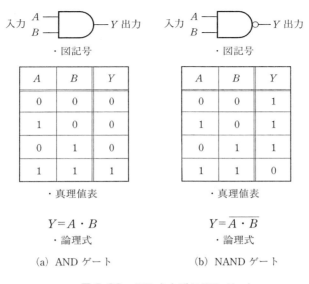

図 8-29　AND および NAND ゲート

　この AND 回路の動作を論理積と呼び，論理式は，入力 A, B の積 $Y = A \cdot B$ として表す．これは入力 A, B のうち 1 回路でも "0" があれば出力 Y は "0" であることを示している．ちょうど，数学の掛け算と同じで，掛け合わす数字の中に "0" があれば，答えが "0" となるのと同じである．これらの動作の状態をまとめて表したものを真理値表（truth table）と呼んでいる．

　NAND ゲートは，AND ゲートが反転したものである．これは入力 A, B が "1" にそろわなければ出力 Y は "1" のままとなっていて，$Y = \overline{A \cdot B}$ で表す．また，入力 A, B がともに "1" になると出力 Y が "0" となる．

　OR ゲートは，図 8-30 に示すように入力 A, B のうち 1 回路でも "1" があれば出力 Y が "1" となる．したがって，OR 回路の動作は論理和と呼ばれている．OR 回路の出力 Y は，入力の論理値 "1" または "0" の総和，$Y = A + B$ で表している．また，NOR ゲートは，OR ゲートの出力を反転したものである．これは入力 A, B のうち 1 回路でも "1" があれば出力は "0" となり $Y = \overline{A + B}$ で表す．

　この他に，MIL の論理記号には Ex・OR ゲートおよび Ex・NOR ゲートがある．次に，これらの論理回路について示す．Ex・OR（EXCLUSIVE-OR，エクスクルーシブオア）ゲートは，図 8-31 に示すように入力 A, B のうち，どちらか一方が "1"

の場合, OR ゲートと同じ動作で出力 Y は "1" となる. しかし, 入力 A, B がとも
に "0" あるいは "1" の場合には, 出力 Y が "0" となるような回路である.

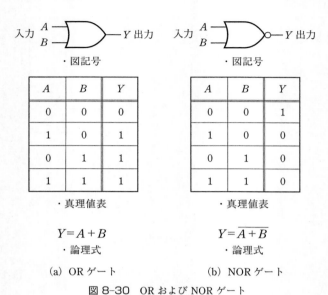

A	B	Y
0	0	0
1	0	1
0	1	1
1	1	1

・真理値表

A	B	Y
0	0	1
1	0	0
0	1	0
1	1	0

・真理値表

$$Y = A + B$$
・論理式

$$Y = \overline{A + B}$$
・論理式

(a) OR ゲート　　　　　(b) NOR ゲート

図 8-30　OR および NOR ゲート

A	B	Y
0	0	0
1	0	1
0	1	1
1	1	0

・真理値表

A	B	Y
0	0	1
1	0	0
0	1	0
1	1	1

・真理値表

$$Y = A \oplus B$$
・論理式

$$Y = \overline{A \oplus B}$$
・論理式

(a) Ex・OR ゲート　　　　(b) Ex・NOR ゲート

図 8-31　Ex・OR および Ex・NOR ゲート

このような動作を行うため排他的 (エクスクルーシブ) 論理和と呼び, $Y = A \oplus B$ で表している.

一方, Ex・NOR ゲートは, Ex・OR ゲートの出力を反転したもので, 入力 A, B のうちどちらかが "1" の場合には, 出力 Y は "0" となる. また, 入力 A, B がともに "1" あるいは "0" になると, 出力 Y は "1" となる回路で, 論理式は $Y = \overline{A \oplus B}$ で表している.

バッファ回路は, 図8-32に示すようにバッファ (緩衝) 増幅回路として動作する. その動作は, 入力 "1" または "0" がそのまま出力 Y となる. また, NOT 回路は, バッファ回路の動作と反対に, 入力を反転したものが出力 Y となり, 論理式は $Y = A$ となる. したがって, この論理動作を NOT (否定) と呼んでいる. 図記号で出力側に付けられている○印はこの反転を示したものである.

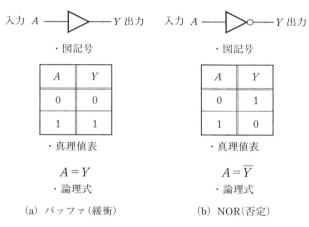

図 8-32　バッファおよび NOT

3　論理回路の論理式

先に述べた論理回路で示した論理式は, 19 世紀中期に G.Boole によって論理の数学的解析法として開発されたブール代数を用いて求めている. ブール代数は, 加え算をしたとき 1 以上となった場合, つまり数値が 2, 3 となるようなものはすべて 1 にするという約束で数学を考えていることである.

ブール代数を用いて OR 回路および AND 回路を考えると, 図8-33に示すように OR 回路は, 入力 A または B に 1 を加えると出力 Y に 1 を得るのが OR 回

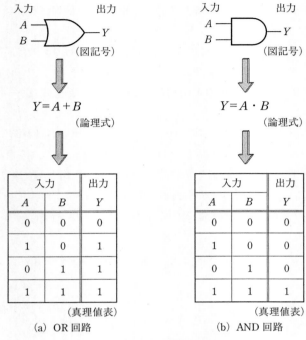

（a）OR 回路　　　　　　　　　　（b）AND 回路

図 8-33　論理回路の動作

路で，ブール代数では，

$$Y = A + B \tag{8-6}$$

で表す．

　次に，AND 回路について考えると，入力 A に 0 か 1 を加えた状態で，入力 B に 0 か 1 を加えると，出力 Y にはどのような出力が得られるかを表すと，

$$Y = A \cdot B$$

で表される．

　この式の計算方法は，普通の掛け算を行えば，図8-33（b）で示した真理値となる．

　次にブール代数を用いて，図8-34 に示す回路について考えてみると，出力 X は，

$$X = A \cdot B \tag{8-7}$$

となる．次に出力 Y は，

$$Y = X \cdot C = A \cdot B \cdot C \tag{8-8}$$

となり，等価な論理回路として 3 入力 AND ゲートとなる．

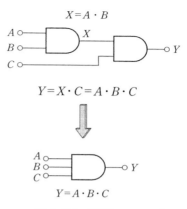

図 8-34　等価な AND 回路

　次に，図 8-35 に示す OR 回路を組み合わせた回路について考えてみると，出力 X は，

$$X = A + B \tag{8-9}$$

となる．次に出力 Y は，

$$Y = X + C = A + B + C \tag{8-10}$$

となり，等価な論理回路としては 3 入力 OR ゲートとなる．

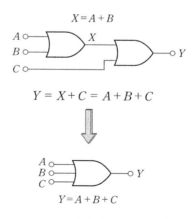

図 8-35　等価な OR 回路

　このように論理回路に使用されているブール代数での論理式には，次に示すような関係式がある．

$$Y = A \cdot B = B \cdot A$$
$$Y = A + B = B + A$$
$$Y = A(B+C) = A \cdot B + A \cdot C$$
$$Y = A + B \cdot C = (A+B)(A+C)$$
$$Y = \overline{A+B} = \overline{A} \cdot \overline{B}$$
$$Y = \overline{A \cdot B} = \overline{A} + \overline{B}$$

$$(8\text{--}11)$$

　これらの関係式を用いると入力, 出力の関係が全く等価な論理回路を求めることができる. 例えば, 図 8-36 (a) に示す回路を論理式で表すと,

$$X = A \cdot B$$
$$Z = A + B$$
$$Y = X + \overline{Z} = A \cdot B + \overline{A+B} = A \cdot B + \overline{A} \cdot \overline{B}$$

$$(8\text{--}12)$$

となり, 図 8-36 (b) に示す等価な論理回路が得られる.

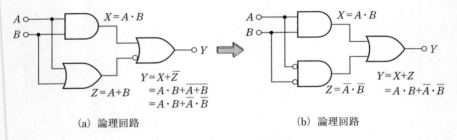

(a) 論理回路　　　　　　　　　　　　　　(b) 論理回路

図 8-36　等価な論理回路

4　論理回路の構成と簡略化

　与えられた真理値表を満足する論理回路を求めるには, 入力の積の和の形の論理式を作る方法がある. すなわち, 真理値表の中の出力 Y が 1 になる場合の入力 A, B について, それらが 1 であれば A, B とし, 0 ならば $\overline{A}$, $\overline{B}$ として積を作り, その和を Y とする.

　例えば, 表 8-1 に示す真理値表を満足する論理回路を構成しようとする場合, 出力 Y が 1 になる場合のそれぞれの入力 2 変数 A, B の積は, $\overline{A} \cdot \overline{B}, \overline{A} \cdot B, \overline{A} \cdot B$ で

表 8-1　真理値表

入力		出力	
A	B	Y	
0	0	1	⇨ $\overline{A} \cdot \overline{B}$
0	1	1	⇨ $\overline{A} \cdot B$
1	0	1	⇨ $A \cdot \overline{B}$
1	1	0	$Y = \overline{A} \cdot \overline{B} + \overline{A} \cdot B + A \cdot \overline{B}$

あるから，出力 Y は次式で示すようになる．

$$Y = \overline{A} \cdot \overline{B} + \overline{A} \cdot B + A \cdot \overline{B} \tag{8-13}$$

となる．

　この式を表す論理回路は，図 8-37 に示す回路となる．この回路は与えられた真理値表を満足する．しかし，式 (8-13) は，さらに次に示すように変形することができる．

$$\begin{aligned} Y &= \overline{A} \cdot \overline{B} + \overline{A} \cdot B + A \cdot \overline{B} = \overline{A}(\overline{B}+B) + A \cdot \overline{B} \\ &= \overline{A} + A \cdot \overline{B} = (A + \overline{A})(\overline{A} + \overline{B}) = \overline{A} + \overline{B} \end{aligned} \tag{8-14}$$

となる．

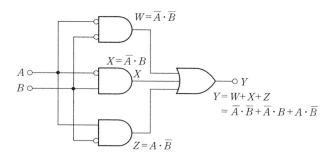

図 8-37　論理回路

　したがって，求められた $Y = \overline{A} + \overline{B}$ の論理回路は，図 8-38 に示すような簡単な論理回路となる．

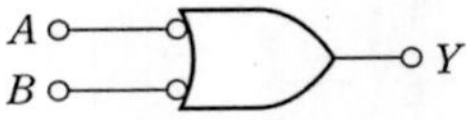

$$Y = \overline{A} \cdot \overline{B} + \overline{A} \cdot B + A \cdot \overline{B}$$
$$= \overline{A}(\overline{B} + B) + A \cdot \overline{B} = \overline{A} + A \cdot \overline{B}$$
$$= (\overline{A} + A)(\overline{A} + \overline{B}) = \overline{A} + \overline{B}$$

図 8-38　等価論理回路

第 8 章　練習問題

8·1　繰返し周波数5kHz, パルス幅5 μs の方形波パルスがある. このパルス波形の繰返し周期および衝撃係数の値はいくらか.

8·2　パルス回路で用いられている微分回路について述べよ.

8·3　パルス回路で用いられている積分回路について述べよ.

8·4　パルスの基本波である方形波パルスを発生させるには, どのようなパルス発生回路が用いられているか.

8·5　双安定マルチバイブレータ回路は, どのような用途に用いられているか.

8·6　単安定マルチバイブレータ回路は, どのような用途に用いられているか.

8·7　下図に示す論理回路を論理式で示せ.

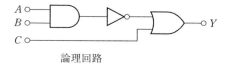

論理回路

練習問題 の 解答

第 1 章

1・1 自由電子とは,原子核から一番遠い軌道上を回っている電子(最外殻電子)で,他の原子の影響を受けて電子が軌道を離れ,他の原子との間を自由に動き回る電子を自由電子と呼んでいる.

1・2 電流の流れは電子の移動によって生じる.例えば,電池に電線を用いて電球を接続すると,電線の中を自由に動き回っていた電子が,電池の正極(＋)の方向に引き寄せられて移動する.また,電池の負極(－)からは電子が供給され,電子は電池の負極から正極に向かって連続して流れる.

　一般に電流の流れる方向は,電子の移動する(流れる)方向とは反対の方向として取り扱う場合が多い.しかし,欧米では電子の流れと電流の流れを同じとしている国もある.わが国では電流の流れる方向は,電池の正極から負極に向かって電流は流れるとしている.したがって,電流の流れる方向は電子の流れる方向とは逆となっている.

1・3 電界に対して直角方向から電子が飛び込んでくると,電子は負電荷であるため,電子に吸引力が働き正電圧が加わっている電極の方向に電子は曲げられる.これを静電偏向といっている.この原理を用いたものにブラウン管がある.

1・4 物質より電子を放出させる方法には,次に示す方法がある.
　(1)　物質に熱を加えることにより,物質から電子を放出させることができる.これを,熱電子放出と呼んでいる.
　(2)　物質に光を当てることにより,物質から電子を放出させることができる.これを,光電子放出と呼んでいる.

(3)　物質に高速の電子をぶつけることにより，物質から電子を放出させる
　　ことができる．これを，二次電子放出と呼んでいる．

(4)　物質に対して強い電界を加えることにより，物質から電子を放出させ
　　ることができる．これを，電界放出と呼んでいる．

第 2 章

2・1　電流による作用には下記に示すような作用がある．

(1)　電流が導体を流れると熱が発生する．発生した熱を利用しているもの
　　に電熱器や電気炉などがある．また，タングステンなどの金属線に電流を
　　流し，電流によって熱せられた金属から放出される光を利用したものに
　　白熱電球がある．このように電流による熱作用が利用されている．

(2)　電流が流れている導体の周囲の空間には磁界が生じる．この磁界によ
　　る磁気作用を利用しているものに電動機，発電機，変圧器，電磁石などが
　　ある．このように導体に電流を流すと磁界が生じ，この磁界による磁気作
　　用が利用されている．

(3)　電解液に直流電流を流すと化学作用が生じる．この化学作用は化学工
　　業に広く利用され，電流による電気分解や電気メッキや電池などの化学
　　作用が利用されている．

2・2　$I = \dfrac{Q}{t} = \dfrac{10}{1} = 10 \text{ A}$

2・3　$I = \dfrac{V}{R} = \dfrac{3}{6} = 0.5 \text{ A}$

2・4　$R = \dfrac{V}{I} = \dfrac{200}{25} = 8 \ \Omega$

2・5　$R = R_1 + R_2 + R_3 = 15 + 25 + 60 = 100 \ \Omega$

2·6 $R = \dfrac{1}{\dfrac{1}{R_1}+\dfrac{1}{R_2}+\dfrac{1}{R_3}} = \dfrac{1}{\dfrac{1}{20}+\dfrac{1}{30}+\dfrac{1}{60}} = \dfrac{1}{\dfrac{3}{60}+\dfrac{2}{60}+\dfrac{1}{60}} = \dfrac{1}{\dfrac{6}{60}} = 10\ \Omega$

2·7 $P = I^2 R = 20^2 \times 40 = 400 \times 40 = 16000 = 16\ \text{kW}$

2·8 $W = Ph = 100 \times 5 \times 2.5 = 1250\ \text{Wh} = 1.25\ \text{kWh}$

第 3 章

3·1 $T = \dfrac{1}{f} = \dfrac{1}{50} = 0.02 = 20\ \text{ms}$

3·2 $V_m = \sqrt{2}\,V = 1.414 \times 200 = 282.8\ \text{V}$

3·3 $I = \dfrac{I_m}{\sqrt{2}} = \dfrac{20}{1.414} = 14.14\ \text{A}$

3·4 $X_{50} = \omega L = 2\pi f L = 2 \times 3.14 \times 50 \times 0.4 = 125.6\ \Omega$

$X_{60} = \omega L = 2\pi f L = 2 \times 3.14 \times 60 \times 0.4 = 150.7\ \Omega$

3·5 $I = \omega C V = 2\pi f C V = 2 \times 3.14 \times 100 \times 20 \times 10^{-6} \times 100$

$= 4 \times 3.14 \times 10^{-1} = 1.256\ \text{A}$

3·6 $P = VI\cos\phi = 200 \times 20 \times 0.6 = 2400\ \text{W} = 2.4\ \text{kW}$

3·7 $f_0 = \dfrac{1}{2\pi\sqrt{LC}} = \dfrac{1}{2\pi\sqrt{50 \times 10^{-3} \times 200 \times 10^{-12}}} = \dfrac{1}{2\pi\sqrt{10 \times 10^{-12}}}$

$= \dfrac{10^6}{2\pi \times 3.16} = 50.3\ \text{kHz}$

3・8 $C=\dfrac{1}{(2\pi f)^2 L}=\dfrac{1}{(2\pi\times10^6)^2\times0.5\times10^{-3}}=51\times10^{-12}\,\mathrm{F}=51\,\mathrm{pF}$

第 4 章

4・1 シリコンの結晶に不純物としてりん(P)を溶かし込むと,電子が1個余りn形半導体となる.

4・2 pn接合には一方向にだけ電流を流す性質がある.これを整流作用と呼んでいる.

4・3 ダイオードには整流,検波用のダイオードのほか,超高周波発振を行うガンダイオード,光を検出するホトダイオード,光を発生する発光ダイオード,ダイオードに加える直流電圧の値により静電容量の値を可変することができる可変容量ダイオード,一定の電圧が得られる定電圧ダイオード等がある.

4・4 発光ダイオードは,低電圧,小電流により点灯することができ,寿命が長く応答速度が速いといった特徴がある.また,化合物半導体として混ぜる材料により異なった発光色が得られる.現在ではR(赤色),G(緑色),B(青色)の三原色の高輝度の発光ダイオードも生産されており,多方面にわたって使用されている.

4・5 サイリスタの種類には多くの種類のサイリスタがある.その種類にはSCRとも呼ばれている逆阻止3端子サイリスタ,ゲートターンオフサイリスタ(GTO),3端子双方向サイリスタ(TRIAC)および2極双方向サイリスタ(SSS)等があり,電力制御用素子として各方面に使用されている.

4・6 直流回路でサイリスタが一度ターンオンすると,ゲート電流の値を0としてもターンオフさせることはできない.導通しているサイリスタをターンオフさせるには,負荷電流 I_L の値をサイリスタの保持電流 I_H 以下の値にするか,サイリスタのアノードとカソード間を短絡してサイリスタを流れている

電流の値を保持電流 I_H 以下の値にしてサイリスタをターンオフさせている.

4・7　GTOサイリスタは,ゲートに加える信号用のトリガ電圧を加えることにより,GTOサイリスタをターンオンさせることができる.また,GTOサイリスタをターンオフさせるためには,ゲート回路にゲート電圧の極性を反対にして,逆方向にゲートトリガ電流を流すことによりGTOサイリスタをターンオフさせることができる.

4・8　トライアック(TRIAC)にはゲート回路が1つしかなく,商用周波数の電源回路で使用されている家庭用電化製品等の電力制御用として多く使用されている.

第 5 章

5・1　トランジスタにはnpn形とpnp形とがある.トランジスタの電極にはコレクタ(C),ベース(B)およびエミッタ(E)の3つの電極がある.

5・2　トランジスタはベース-エミッタ間にベース電流 I_B を流し,ベース電流の値の変化によりコレクタ電流 I_C の値を制御する素子である.

5・3　直流電流増幅率とは,ベース電流 I_B を入力電流,コレクタ電流 I_C を出力電流と考えた場合,コレクタ電流 I_C とベース電流 I_B の比を直流電流増幅率と呼び,これを h_{FE} で表している.この h_{FE} の値は,

$$h_{FE} = \frac{I_C}{I_B}$$

で求めることができる.

5・4　$h_{FE} = \dfrac{\Delta I_C}{\Delta I_B} = \dfrac{(1-0.5)\times 10^{-3}}{(100-50)\times 10^{-6}} = \dfrac{0.5\times 10^{-3}}{50\times 10^{-6}} = 10$

5・5　$I_E = I_C + I_B = 5 \times 10^{-3} + 50 \times 10^{-6} = 5.05 \times 10^{-3} = 5.05 \text{ mA}$

$$h_{fe} = \frac{I_C}{I_B} = \frac{5 \times 10^{-3}}{50 \times 10^{-6}} = 100$$

5・6　FETには接合形とMOS形とがある．また，FETの電極にはゲート(G)，ソース(S)およびドレイン(D)の3つの電極がある．

5・7　FETには接合形とMOS形とがあり，ゲート電圧でドレイン電流の値を制御する素子である．FETがトランジスタと異なる点は，ゲートに加える電圧によりドレイン電流の値を制御し，ゲート電流はほとんど流れない．

5・8　モノリシックICは，1個の半導体チップ上に回路が組み立てられており小型に作ることができる．バイポーラ形ICでは動作速度が速く，電流の値も比較的大きな値の電流が得られる．一方，ハイブリッドICは，ディジタル回路やアナログ回路などの特殊な用途として作られたICで，モノリシックICに比べて集積密度が小さく，製造個数が少ない際にはモノリシックICに比べて経済的である．

第 6 章

6・1　トランジスタの基本増幅回路は，入力電圧の加え方および出力電圧の取り出し方等により分類されている．基本増幅回路としては，エミッタ接地増幅回路，ベース接地増幅回路およびコレクタ接地増幅回路がある．

6・2　$G_v = 20 \log_{10} 200 = 20 \log_{10}(2 \times 100) \fallingdotseq 20 \times (0.3 + 2) = 46 \text{ dB}$

6・3　エミッタ接地増幅回路に使用されているバイアス回路には，固定バイアス回路，自己バイアス回路，電流帰還バイアス回路等がある．

6・4　まず，ベース電流 I_B の値を求める．$I_B = \dfrac{I_C}{h_{FE}}$ から，

$$I_B = \frac{I_C}{h_{FE}} = \frac{1 \times 10^{-3}}{100} = 10\,\mu\text{A}$$

となる．したがって，バイアス抵抗

$$R_B = \frac{V_{CC} - V_{BE}}{I_B} \quad \text{から，}$$

$$R_B = \frac{9 - 0.6}{10 \times 10^{-6}} = 840 \times 10^3 = 840\,\text{k}\Omega$$

固定バイアス回路

6・5　トランジスタのベース電流-コレクタ電流特性曲線（I_B-I_C）は，一般には直線とはならない．直流電流増幅率 h_{FE} は，この特性曲線上のある１点におけるコレクタ電流 I_C とベース電流 I_B との比を表したものである．

　一方，h_{fe} は，ベース電流 I_B のある値における微小変化量 ΔI_B と，コレクタ電流 I_C の変化量 ΔI_C との比を表したもので，一般に，h_{FE} と h_{fe} とは，その値が異なるため，直流分（h_{FE}）と微小変化分（h_{fe}）とに分けて考えている．

6・6　インピーダンス整合とは，増幅器の出力信号源のインピーダンス r と，これに接続されている負荷（スピーカ等）R_L の値が等しいとき，信号源から負荷に最大の電力が供給される．したがって，信号源の出力インピーダンスと負荷のインピーダンスの値を等しくすることを，インピーダンス整合と呼んでいる．

6・7　電力増幅回路はバイアスのかけ方によって，A 級，B 級および C 級の電力増幅回路に分類されている．

6・8　FET を用いた基本増幅回路には，ソース接地増幅回路，ゲート接地増幅回路およびドレーン接地増幅回路の３つの基本増幅回路がある．

6・9　FET を用いた増幅回路のバイアス回路には，自己バイアス回路と固定バイアス回路とがある．

6・10 演算増幅器の理想的な特性とは，
　　(1)　電圧利得が無限大で，かつ，周波数特性が平坦である．
　　(2)　入力インピーダンスの値は無限大である．
　　(3)　出力インピーダンスの値は 0 である．

　　(4)　オフセット電圧およびオフセット電流の値が0である.

　　(5)　雑音の発生がない.

などである.

　第 7 章

7・1　発振回路は周波数選択回路を構成する素子により分類されている.

　　(1)　LC 発振回路

　　(2)　CR 発振回路

　　(3)　水晶発振回路

　　(4)　電圧制御発振回路(VCO)

等の発振回路に分類される.

7・2　LC 発振回路にはコンデンサ C の使い方により,

　　(1)　反結合形発振回路

　　(2)　ハートレー形発振回路

　　(3)　コルピッツ形発振回路

　　等の発振回路に分類される

7・3　水晶発振回路は,水晶発振子の誘導性リアクタンスを LC 発振回路のコイル L として使用している.水晶発振回路にはピアス BE 発振回路とピアスCB 発振回路とがある.

7・4　搬送波を信号波により変調する方式には,振幅変調(AM),周波数変調(FM),位相変調(PM)等の変調方式がある.

7・5　振幅変調波の復調回路には検波用ダイオードが用いられている.復調回路には,検波用として使用するダイオードの特性部分により二乗検波と直線検波とがある.二乗検波は振幅が小さな場合に使用される.また,直線検波は変調波の振幅が大きな場合に使用される.

7·6　$m_f = \dfrac{\Delta f}{f_s} = \dfrac{75 \times 10^3}{15 \times 10^3} = 5$

　　　　$B = 2(\Delta f + f_s) = 2(75 \times 10^3 + 15 \times 10^3) = 180 \text{ kHz}$

7·7　周波数変調の復調には，LC共振回路の共振曲線の傾斜の部分を利用した
　　　　レシオ検波により復調している．

7·8　搬送波としてパルス波を用いる変調方式をパルス変調と呼び，パルス変調
　　　　方式には，
　　　　　　(1)　パルス振幅変調（PAM）
　　　　　　(2)　パルス幅変調（PDM）
　　　　　　(3)　パルス位置変調（PPM）
　　　　　　(4)　パルス符号変調（PCM）
　　　　等の変調方式がある．

第 8 章

8·1　$T = \dfrac{1}{f} = \dfrac{1}{5 \times 10^3} = 0.2 \times 10^{-3} = 0.2 \text{ ms}$

　　　　$D = \dfrac{w}{T} = \dfrac{5 \times 10^{-6}}{0.2 \times 10^{-3}} = 0.025$

8·2　微分回路とは下図に示すようなCRの直列回路で，入力に方形波電圧を加え，
　　　　抵抗Rの端子間電圧の波形を出力とする．この回路の時定数τの値$\tau = CR$を入
　　　　力パルス幅より十分に小さくすれば，出力波形は入力の方形波を微分した波形
　　　　となる．

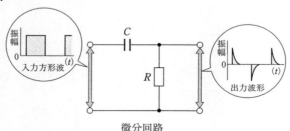

微分回路

8・3　積分回路とは下図に示すような RC の直列回路で，入力に方形波電圧を加え，コンデンサ C の端子間電圧の波形を出力とする．この回路の時定数 $\tau = RC$ を入力パルス幅より十分に大きくすれば，出力波形は入力の方形波を積分した波形となる．

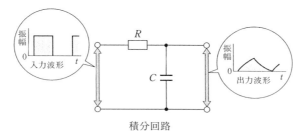

積分回路

8・4　方形波パルスを発生させる回路として，非安定マルチバイブレータ回路がある．非安定マルチバイブレータ回路は，回路に使用されている抵抗 R およびコンデンサ C の値を組み合わせることにより，種々のパルス幅および繰返し周期の方形波パルスを発生させることができる．

8・5　双安定マルチバイブレータ回路は，回路に加えられるトリガパルスによりトランジスタのオン・オフの制御を行い，コンピュータなどの計数回路や記憶回路などに用いられている．この回路はフリップ・フロップ回路とも呼ばれている．

8・6　単安定マルチバイブレータ回路は，回路に加えられるトリガパルスにより，トリガパルスが加えられるたびに一定幅のパルスを発生する．したがって，一定幅のパルスを得る回路によく使用されている．

8・7　$X = A \cdot B$
　　　$Z = \overline{A \cdot B}$
　　　$Y = Z + C = \overline{A \cdot B} + C$

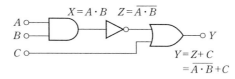

索　　引

■ 著者紹介

佐藤　一郎（さとう　いちろう）

昭和33年　東京電機大学電気工学科卒業
　　　　　前，職業能力開発総合大学校　非常勤講師
　　　　　独立行政法人国際協力機構（JICA）青年海外協力隊事務局　技術顧問
　著　書　「図解電気工学入門」／「図解制御盤の設計と製作」　　　　（以上　オーム社）
　　　　　「図解半導体素子と電子部品」／「図解測定器マニュアル（新版）」／
　　　　　「図解シーケンス制御回路」／「図解シーケンス制御と故障修理」／
　　　　　「図解センサ工学概論」／「図解電気計測」／
　　　　　「第二種電気工事士技能試験スーパー読本」／「図解でまなぶ電気の基礎」／
　　　　　「屋内配線と構内電気設備配線の配線図マスター」／
　　　　　「技能検定・各種技能試験のための電子・電気機器組立マニュアル」／
　　　　　「図解屋内配線図の設計と製作」（共著）　　　　　　（以上　日本理工出版会）
　　　　　他多数

図解 電子工学入門

2022年9月10日　　第1版第1刷発行
2024年2月25日　　第1版第3刷発行

著　　者　佐　藤　一　郎
発　行　者　村　上　和　夫
発　行　所　株式会社　オーム社
　　　　　　郵便番号　101-8460
　　　　　　東京都千代田区神田錦町3-1
　　　　　　電話　03（3233）0641（代表）
　　　　　　URL　https://www.ohmsha.co.jp/

© 佐藤一郎 2022

印刷・製本　デジタルパブリッシングサービス
ISBN978-4-274-22929-9　Printed in Japan

本書の感想募集 https://www.ohmsha.co.jp/kansou/
本書をお読みになった感想を上記サイトまでお寄せください．
お寄せいただいた方には，抽選でプレゼントを差し上げます．